第一次全国自然灾害综合风险普查

安康市地震灾害风险评估与区划

田勤虎 李晓妮 张炜超 编著

陕西新华出版
陕西科学技术出版社
Shaanxi Science and Technology Press
西 安

图书在版编目(CIP)数据

第一次全国自然灾害综合风险普查. 安康市地震灾害风险评估与区划 / 田勤虎，李晓妮，张炜超编著. —西安：陕西科学技术出版社，2022.12

ISBN 978-7-5369-8586-5

Ⅰ. ①第… Ⅱ. ①田… ②李… ③张… Ⅲ. ①自然灾害-风险管理-中国 ②地震灾害-风险评价-安康 Ⅳ. ①X432②P315.9

中国版本图书馆 CIP 数据核字(2022)第 203852 号

第一次全国自然灾害综合风险普查·安康市地震灾害风险评估与区划

DIYICI QUANGUO ZIRAN ZAIHAI ZONGHE FENGXIAN PUCHA

ANKANGSHI DIZHEN ZAIHAI FENGXIAN PINGGU YU QUHUA

田勤虎　李晓妮　张炜超　编著

责任编辑　王喜艳
封面设计　杜正元

出版者　陕西科学技术出版社
西安市曲江新区登高路 1388 号陕西新华出版传媒产业大厦 B 座
电话(029)81205187　传真(029)81205155　邮编 710061
http://www.snstp.com
发行者　陕西科学技术出版社
电话(029)81205180　81206809
印刷者　西安五星印刷有限公司
规　格　787mm×1092mm　16 开本
印　张　8
字　数　230 千字
版　次　2022 年 12 月第 1 版
2023 年 12 月第 2 次印刷
书　号　ISBN 978-7-5369-8586-5
审图号　安 S(2023)007 号
定　价　89.00 元

编 委 会

主　编　田勤虎　李晓妮　张炜超

编　委　孙　哲　任　浩　阮仕琦　王师迪

段　蕊　韶　丹　许　维　颜文华

张晗亮　黄引弟　李　苗　张　艺

PREFACE 前言

地震灾害是影响社会经济发展和人民生命财产安全最为严重的自然灾害之一。由于地震灾害具有突发性、影响范围广等特点，现今科技还很难准确预测地震发生的时间、地点和震级，从而无法开展精准的震前预防，一次中强地震往往会对社会经济、人民生命财产安全等造成严重的损失。陕西省地处汾渭地震带、银川—河套地震带、龙门山地震带、华南地震带等，历史地震活动频繁、强度大、灾害重。1556 年发生在明嘉靖年间的华县 $8\frac{1}{4}$ 级地震造成了 83 万人死亡，2008 年汶川 8.0 级地震造成了近 8 万人死亡、失踪，陕西省因此次地震灾害死亡 122 人，受伤 3 378 人。依托“第一次全国自然灾害综合风险普查——地震灾害风险普查工程”的项目支撑，在中国地震灾害防御中心、中国地震局工程力学研究所的技术支持下，陕西省地震局对“一省一市”试点安康市先行开展了地震灾害风险评估与区划工作，科学、定量化地进行了地震可能造成的人员伤亡和经济损失评估，结合评估结果提出了相应的地震灾害风险防治对策和应急准备工作建议，以此夯实安康市地震灾害风险防治工作的基础，最大限度地减轻地震灾害造成的损失。

“灾害风险调查和重点隐患排查工程”作为自然灾害防治“九项重点工程”之一，是深入贯彻落实“习近平总书记关于防灾减灾系列重要论述”和“两个坚持、三个转变”重要指示精神的具体落脚点。根据统一部署，2020 年 5 月 31 日国务院办公厅印发了《关于开展第一次全国自然灾害综合风险普查的通知》（国办发〔2020〕12 号）、国务院全国自然灾害综合风险普查领导小组办公室印发了《第一次全国自然灾害综合风险普查总体方案》（国灾险普办发〔2020〕2 号），决定在 2020 年至 2022 年开展“第一次全国自然灾害综合风险普查工作”。工作涉及地震、气象、水文、地质、林业、海洋 6 大类主要自然灾害，旨在摸清全国自然灾害风险隐患底数，查明重点地区抗灾能力，加强灾害风险评估、隐患排查治理，客观认识全国和各地区自然灾害综合风险水平，提升灾害风险预警能力，为中央和地方各级人民政府有效开展自然灾害防治、切实保障经济社会可持续发展提供权威的灾害风险信息和科学决策依据。

陕西省地震局根据中国地震局和陕西省政府关于普查工作的总体要求，将“陕西省地震灾害风险普查工程”纳入到“十四五”防震减灾规划，先后印发了

《陕西省地震灾害风险普查实施方案(试行)》(陕震发〔2020〕18号)、《陕西省第一次全国自然灾害综合风险普查2022年地震灾害风险普查工作方案》,具体实施内容包括3大部分:

1. 地震灾害致灾调查与评估:在重点地区开展断层活动性鉴定、隐伏区活动断层及沉积层结构探测等工作,编制陕西省1:250 000区域地震构造图,编制已开展地震活动断层填图涉及的区县的县级1:50 000活动断层分布图,建立相应数据库;收集全省地震工程地质条件及其场地类别基本参数,进行地震活动断层与地震工程地质条件钻孔基础数据库建设;开展场地地震工程地质条件钻孔探测,评定不同地震动参数的场地影响,编制陕西省1:250 000地震危险性图。

2. 地震灾害重点隐患评估:针对遭受地震破坏后可能造成重大人员伤亡、严重影响社会运行的各类房屋建筑和重要设施,依据房屋建筑、市政设施等承灾体信息,抽取关键数据建立地震灾害重点隐患数据库,进行地震灾害重点隐患分级评估,形成陕西省1:250 000地震灾害重点隐患分布图,以摸清全省地震灾害重点隐患底数。

3. 地震灾害风险评估与区划:基于地震危险性和承灾体分析结果,进行建筑物易损性抽样调查,获取房屋建筑详细信息,建立房屋建筑抽样详查数据库;进行房屋建筑地震易损性分析和评估模型构建。以6″网格为基本评估单元,开展地震灾害风险评估、区划,编制形成陕西省1:250 000地震灾害风险区划图。同时,在全省已开展的1:50 000地震活动断层填图涉及区县,编制形成1:50 000地震活动断层避让区划图。

安康市作为“第一次全国自然灾害综合风险普查工程”一省一市试点,陕西省地震局率先完成了地震灾害风险普查,形成了地震灾害风险评估与区划成果,为全省地震灾害风险普查评估与区划奠定了基础。基于以上工作,本书系统阐述了安康市地震灾害风险评估与区划工作的各个环节及核心成果。全书共分为7个章节,第一章由阮仕琦编写,主要描述了安康市地形地貌、气候、人口、经济等基本概况;第二章由李晓妮、田勤虎等编写,主要描述了安康市地震地质构造背景;第三章由段蕊、许维、颜文华编写,通过多概率地震危险性分析,对安康市地震危险性进行了计算分析;第四章由任浩、田勤虎编写,结合房屋建筑等承灾体普查信息,对安康市建筑物构造特点及抗震能力进行了分析评价;第五章由张炜超、韶丹、田勤虎等编写,对安康市各类建筑物进行了地震灾害隐患评估及等级划分；第六章由韶丹、田勤虎编写，在地震危险性分析、建筑物隐患评估的基础上，结合安康市人口、经济等公里格网数据，给出了安康市多概率水准地震作用下的人员死亡、经济损失评估结果；第七章由田勤虎、韶丹编写，根据震灾风险评估区划结果，结合区域特点，给出了安康市震灾风险防治对策和应急准备建议。全书由田勤虎、韶丹、张炜超负责汇总和统稿，书中主要图件由孙哲、张艺、李苗等负责绘制。

本书在编写过程中得到了中国地震灾害防御中心、中国地震局工程力学研究所有关专家的指导，借鉴了孙柏涛研究员等工作团队的研究成果，使用了地震灾害风险评估软件平台，在此表示真挚的感谢！

感谢陕西省住建厅、安康市住建局房屋单体隐患数据支持，为本书的编制提供了基础支撑。感谢陕西省地震局刘晨、王恩虎、王彩云、刘毅、李平、段锋、寇亮、赵金礼、穆昱东、赵曦，安康地震办主任张立峰、张瑞等领导对编写工作的支持与帮助。感谢吴健研究员、王涛研究员、曲哲研究员、林旭川研究员对本书的指导和建议。

书中提出的地震应急对策建议、评估结果，仅供科技人员和管理人员参考，精细化工作仍需针对性开展。由于编者水平有限，书中难免会有缺陷甚至错误，敬请读者批评指正。

编　者

2022 年 11 月

CONTENTS 目录

第一章　安康市基本概况 …… 1

第一节　地理位置和行政区划 …… 2

第二节　地形地貌特征 …… 3

第三节　河流水系 …… 5

第四节　气候特征 …… 6

第五节　人口和经济特征 …… 6

第六节　地质灾害特征 …… 9

第七节　房屋结构特征 …… 10

第八节　地震动参数区划 …… 11

第二章　安康市地震构造背景分析 …… 13

第一节　区域地质构造背景 …… 14

第二节　主要断裂 …… 15

第三节　历史地震考证 …… 24

第三章　安康市地震危险性分析 …… 29

第一节　地震危险性概率分析 …… 30

第二节　地震活动性参数确定 …… 33

第三节　地震动衰减关系确定 …… 42

第四节　概率地震危险性计算 …… 44

第五节　地震动参数场地调整 …… 49

第六节　地震危险性区划 …… 50

第七节　地震烈度区划 …… 55

第八节　本章小结 …… 59

第四章　安康市建筑物建构造特点及震害分析 …… 60
第一节　典型房屋结构特点及应用 …… 61
第二节　典型房屋结构震害特点 …… 65
第三节　本章小结 …… 69
第五章　安康市建筑物地震灾害隐患评估 …… 70
第一节　安康市建筑物隐患数据 …… 71
第二节　建筑物地震灾害隐患评估方法 …… 73
第三节　评估结果分析 …… 76
第四节　本章小结 …… 84
第六章　安康市地震灾害风险评估与区划 …… 85
第一节　地震灾害人员死亡风险评估 …… 86
第二节　建筑物直接经济损失风险评估 …… 98
第三节　本章小结 …… 109
第七章　结论及防治建议 …… 110
第一节　地震灾害风险评估主要结论 …… 111
第二节　地震灾害风险防治对策建议 …… 112
第三节　应急准备建议及处置对策 …… 113
参考文献 …… 115

第一章

安康市基本概况

第一节　地理位置和行政区划

安康市地处祖国内陆腹地，陕西省东南，居川、陕、鄂、渝交接部，南依巴山北坡，北靠秦岭主脊。东与湖北省的郧县、郧西县接壤，东南与湖北省的竹溪县、竹山县毗邻，南接重庆市的巫溪县，西南与重庆市的城口县、四川省的万源市相接，西与汉中市的镇巴县、西乡县、洋县相连，西北与汉中市的佛坪县、西安市的周至县为邻，北与西安市的鄠邑区、长安区接壤，东北与商洛市的柞水县、镇安县毗连。是一个资源富集、绿色生态、充满活力的宜居之地。

安康区位优越，处在关天、成渝、江汉三大经济区的结合部，有航空、铁路、公路、水运与外界联通。襄（樊）渝、阳（平关）安（康）、西（安）康（安康）铁路在此交汇，包（头）茂（名）、十（堰）天（水）、（北）京昆（明）高速公路过境，316、210 国道和 102、207、308 省道纵横全境，迁建的安康机场和汉江高等级航道的建设，构成了通达便捷的交通网络，目前安康已成为连接西北、西南、华中地区的区域的重要交通枢纽。

历史悠久的安康，早在石器时代即有先民在此繁衍生息。据史料载，自夏至晋，分属梁州、上庸、汉中郡，西晋时期在此设魏兴郡，隶属荆州。西晋太康元年（280），为安置巴山一带流民，取“万年丰乐，安宁康泰”之意，得名“安康”。唐宋又先后设金州汉阴郡、金州和兴安州。乾隆四十七年（1782）升州为兴安府。中华人民共和国成立后，先后设陕西省人民政府安康专员公署、安康地区行政公署，2000 年 12 月撤地设市，全市总面积 23 529km^2，辖区东西最大距离 250.1km，南北最大距离 236.2km。下辖汉滨区、旬阳市、汉阴县、石泉县、宁陕县、紫阳县、岚皋县、平利县、镇坪县、白河县。截至 2021 年 1 月，全市共有 135 个镇、4 个街道办事处、1 673 个行政村。安康市行政区划图见图 1.1、表 1.1。

表 1.1　安康市行政区划一览表

区(县)	下辖镇(街道办)/个	面积/km^2
汉滨区	28	3 645.91
旬阳市	21	3 554
汉阴县	10	1 365
石泉县	11	1 525
宁陕县	11	3 678
紫阳县	17	2 204

表 1.1(续)

区(县)	下辖镇(街道办)/个	面积/km^2
岚皋县	12	1 956
平利县	11	2 647
镇坪县	7	1 503.26
白河县	11	1 450

图 1.1　安康市行政区划图

第二节　地形地貌特征

安康市在大地构造位置上属于秦岭地槽褶皱系南部和扬子准地台北部汉南古陆的东北缘，分别由东西走向的秦岭地槽褶皱带和北西走向的大巴山弧形褶皱带复合交接组成。具南北衔接，东西过渡的特点。安康以汉江为界，分为两大地域，北为秦岭地区，南为大巴山地区，以汉水—池河—月河—汉水为秦岭和大巴山的分界，其地貌呈现南北高山夹峙，河谷盆地居中的特点(如图 1.2 所示)。全市地貌可分为亚高山、中山、低山、宽谷盆地、岩溶地貌、山地古冰川地貌 6 种类型。在本市土地面积中，大巴山约占 60%，秦岭约占 40%；山地约占 92.5%，丘陵约占 5.7%，川道平坝占 1.8%。海拔高程以白河县与湖北省交界的汉江右岸为最低(海拔 170m)，秦岭东梁为最高(海拔 2 964.6m)。秦岭主脊横亘于北，一般海拔 2 500m 左右；大巴山主梁蜿蜒于南，一般海拔 2 400m 左右；凤凰山自西向东延伸于汉江谷地和月河川道之间，形成“三山夹两川”地势轮廓，汉江谷地平均海拔 370m 左右。秦岭、大巴山主脊与汉江河谷的高差都在 2 000m 以上。境内的主要山脉有秦岭的东梁、平河梁、南羊山和大巴山的化龙山、凤凰山、笔架山。

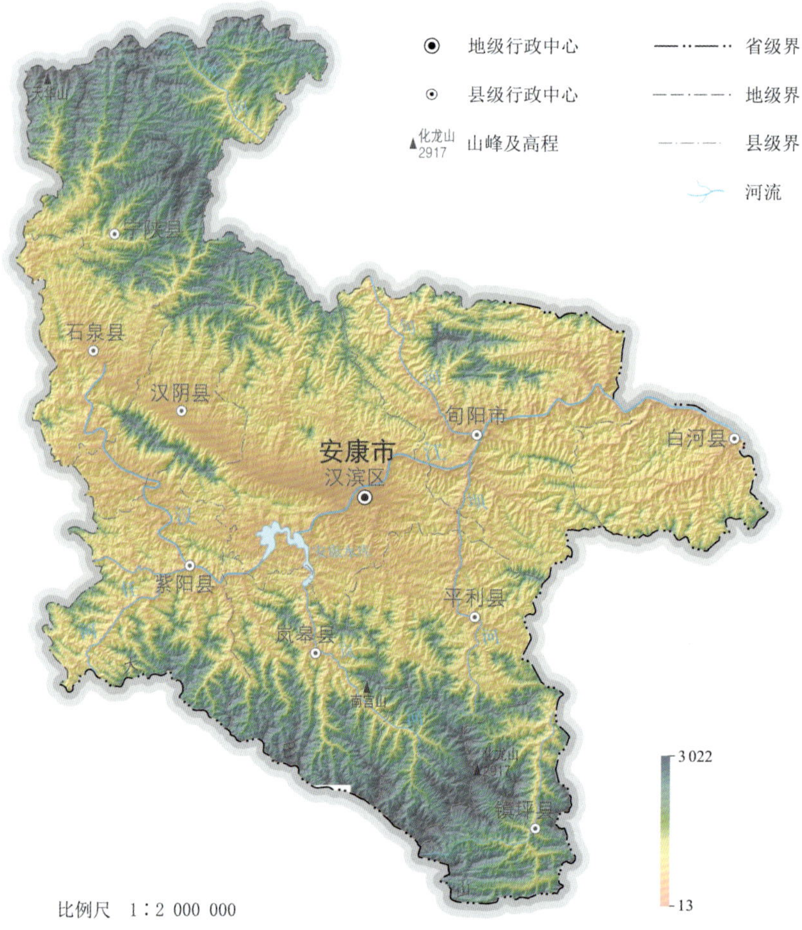

图 1.2 安康市地形图

第三节 河流水系

安康市境内的河流属长江流域汉江水系。长江流域二级河流汉江，也是长江的第一大支流由西向东横贯安康全境，它由石泉左溪河口 3km 处入境，经石泉、汉阴、紫阳、岚皋、汉滨、旬阳、白河 7 县，于白河县白石河口以下 10km 处出境，境内流长 340km，落差逾 290m，流域面积 5 900km^2。境内汉江的一级支流有子午河、池河、月河、任河、旬河、岚河、吉河、南江河、黄洋河、坝河、白石河、堵河等 23 条，总长 1 902.6km；二级支流有汶水河、长安河、东沙河、权河、渚河、正阳河、滔河、洞河、傅家河、县河、吕河、乾佑河、冷水河等 31 条，总长 1 465.5km；三级支流有东峪河、蒲河、沈坝河、紫荆河、小河、竹溪河、浪河、红水河等 18 条，总长 649.4km。河网密度为 1.43km/km^2，年平均径流量 106.55亿 m^3。过境客水 145.72 亿 m^3，共计水资源总量 252.29 亿 m^3。人均径流量 3 964m^3。汉江因其水量大、水质好而成为国家南水北调中线工程水源涵养地。全市已建成水库 149 座，总库容 40.59 亿 m^3。已建成万亩以上灌区 7 处，有效灌溉面积 8.587hm^2。水利供水工程总供水量达到 7.23 亿 m^3，其中：向农业供水 5.24 亿 m^3，工业供水 0.67 亿 m^3，城乡居民生活供水 1.08 亿 m^3，城镇公共供水 0.17 万 m^3，生态环境供水 0.07 万 m^3。安康市主要河流情况见表 1.2。

表 1.2 安康市主要河流情况（《安康市统计年鉴 2021》）

名称	河道长度/km	流域面积/km^2	平均年径流量/亿 m^3
汉江	340	23 529	94.03
子午河	160	3 013	8.57
池河	112	1 032	3.70
任河	56	2 033	39.51
岚河	144	2 124.2	15.32
月河	114	2 828.8	9.47
恒河	103	981.1	2.64
黄洋河	119	971.8	4.61
坝河	125	2 069	9.24
乾佑河	146	2 514.7	6.88
旬河	228	6 322	19.05
南江河	94	1504	10.30

第四节　气候特征

安康市属亚热带大陆性季风气候，气候湿润温和，四季分明，雨量充沛，无霜期长。其特点是冬季寒冷少雨，夏季多雨且多有伏旱，春暖干燥，秋凉湿润并多连阴雨。多年平均气温 15～17℃，1 月平均气温 3～4℃，极端最低气温－16.4℃(1991 年 12 月 28 日，宁陕)；7 月平均气温 22～26℃，极端最高气温 42.6℃(1962 年 7 月 14 日，白河县)。最低月均气温 3.5℃(1977 年 1 月)，最高月均气温 26.9℃(1967 年 8 月)。全市平均气温年较差 22～24.8℃，最大日较差 36.8℃(1969 年 4 月，镇坪)。垂直地域性气候明显，气温的地理分布差异大。川道丘陵区一般为 15～16℃，秦巴中高山区为 12～13℃。生长期年平均 290d，无霜期年平均 253d，最长达 280d，最短为 210d。年平均日照时数为 1 610h，年总辐射 10^6 千卡/cm^2。0℃以上持续期 320d(一般为 2 月 10 日至次年 12 月 20 日)。年平均降水量 1 050mm，年平均降雨日数为 94d，最多达 145d(1974 年)，最少为 68d(1972 年)。极端年最大雨量 1 240mm(2003 年)，极端年最少雨量 450mm(1966 年)。降雨集中在每年 6～9 月，7 月最多。

第五节　人口和经济特征

一、不同行政区人口数量

根据第七次全国人口普查结果，截至 2020 年 11 月 1 日，安康市全市常住人口为 2 493 436人，与 2010 年第六次全国人口普查的 2 629 906 人相比，10 年共减少 136 470 人，下降 5.19%，年平均下降率为 0.53 %。全市共有家庭户 947 740 户，集体户 24 776 户，家庭户人口为 238 3273 人，集体户人口为 110 163 人。平均每个家庭户的人口为 2.51 人，比 2010 年第六次全国人口普查的结果减少 0.78 人。全市常住人口中，汉族人口为2 473 156人，占 99.19%。全市常住人口中，男性人口为 1 292 620 人，占 51.84 %；女性人口为 1 200 816 人，占 48.16%。总人口性别比(以女性为 100，男性对女性的比例)由 2010 年第六次全国人口普查的 112.05 下降为 107.65。居住在城镇的人口为 1244 784 人，占 49.92%；居住在乡村的人口为 1 248 652 人，占 50.08%。与 2010 年第六次全国人口普查相比，城镇人口增加 334 960 人，乡村人口减少 471 430 人，城镇人口比重提高15.32%。安康市不同行政区常住人口数量见表 1.3，人口格网分布如图 1.3 所示。

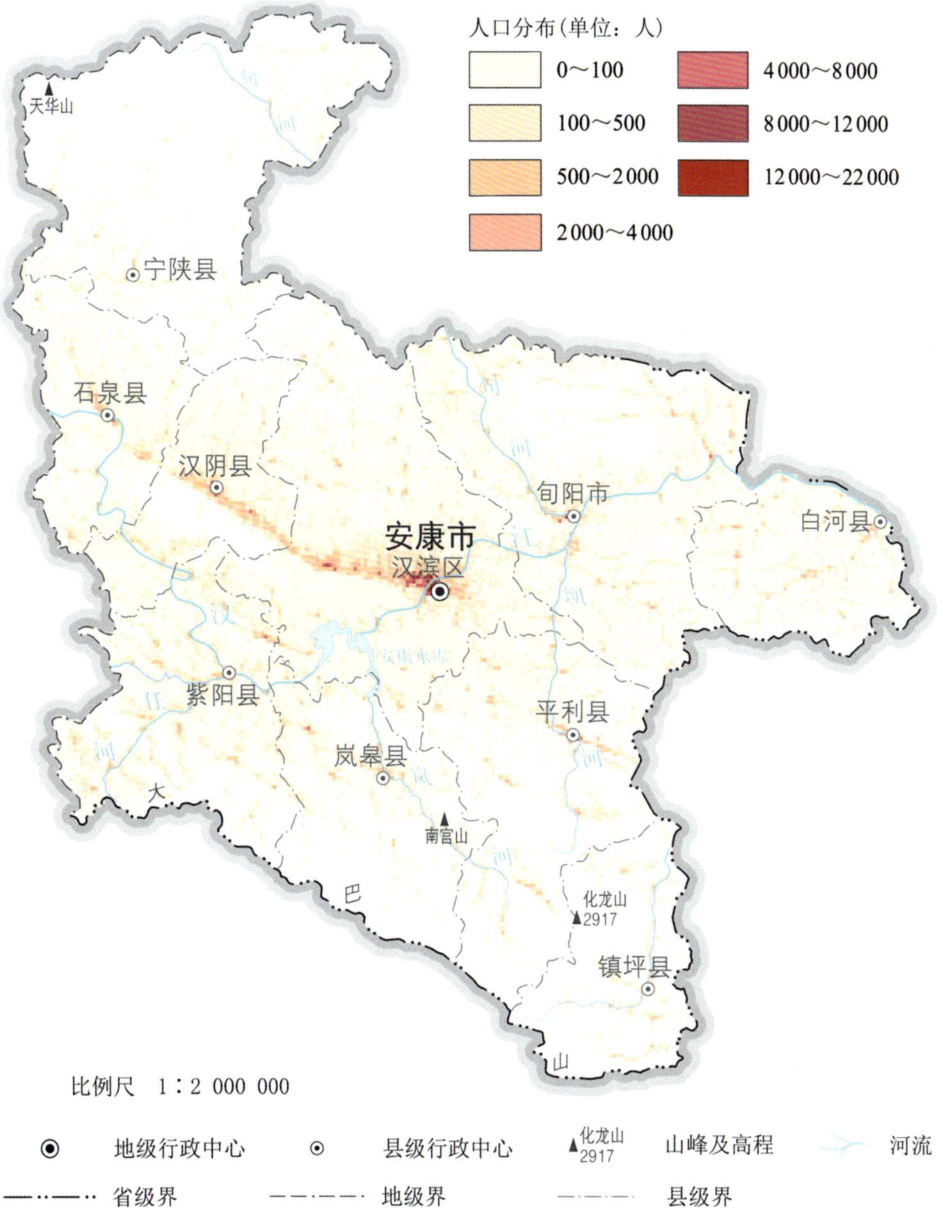

图 1.3 安康市人口格网分布图

表 1.3 安康市不同行政区常住人口数量(据第七次全国人口普查数据)

地 区	总人口	0～14 岁年龄人口	15～59 岁年龄人口	60 岁及以上年龄人口
汉滨区	894 853	170 313	560 580	163 960
汉阴县	240 188	508 24	136 643	52 721
石泉县	153 221	26 185	91 657	35 379

表 1.3(续)

地 区	总人口	0～14 岁年龄人口	15～59 岁年龄人口	60 岁及以上年龄人口
宁陕县	59 905	9 627	37 009	13 269
紫阳县	26 0971	51 907	15 1337	57 727
岚皋县	135 006	23 343	79 586	32 077
平利县	181 286	32 939	104 693	43 654
镇坪县	47 356	8 870	27 348	11 138
旬阳县	357 876	63 738	216 050	78 088
白河县	162 774	34 785	92 976	35 013

二、社会经济特征

据《2021 年安康市国民经济和社会发展统计公报》，根据地区生产总值统一核算结果，全年地区生产总值 1 209.49 亿元，同比增长 7.5%(如图 1.4 所示)。其中，第一产业增加值 164.34 亿元，增长 6.0%，占地区生产总值的比重为 13.6%；第二产业增加值 513.53亿元，增长 7.6%，占比 42.4%；第三产业增加值 531.62 亿元，增长 7.9%，占比 44.0%。全年非公有制经济增加值 726.02 亿元，占地区生产总值的 60.0%，较上年提高 0.4 个百分点。全年全市居民人均可支配收入 2 0148 元，比上年增加 1 720 元，增长 9.3%。全市城镇居民人均可支配收入 30 496 元，比上年增加 2 249 元，增长 8.0%。全市农村居民人均可支配收入 12 464 元，比上年增加 1 176 元，增长 10.4%。城乡居民收入比为 2.45∶1，比上年缩小 0.05。全市一般公共预算收入完成 32.48 亿元，同比增长 14.51%。其中：税收收入 24.48 亿元，同比增长 9.52%，占比 75.35%；非税收入 8.01 亿元，同比增长 33.04%。全市一般公共预算支出 347.88 亿元，同比下降 11.4%。

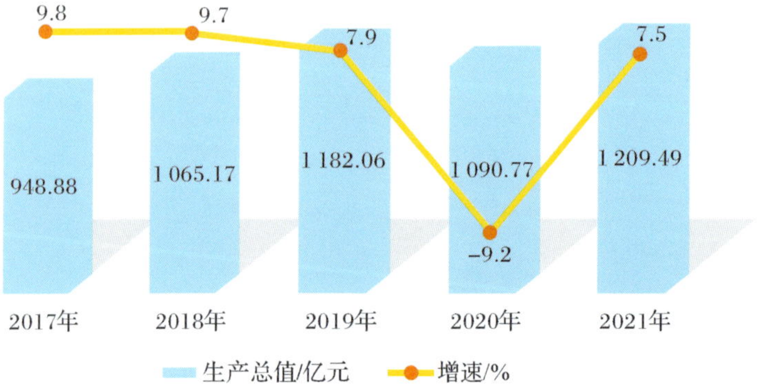

图 1.4　2017—2021 年安康市地区生产总值(GDP)及其增速

三、教育学校

全市共有普通高等学校 2 所，全年招收普通本专科学生 6 398 人，其中本科

3 561 人。年末在校学生 24 068 人，其中本科 12 509 人。共有小学 385 所（未含小学教学点 332 个），在校学生 19.39 万人；普通中学 181 所（其中初中阶段 151 所，高中阶段 30 所），在校学生 14.64 万人（其中初中 9.26 万人、高中 5.38 万人）；小学学龄儿童净入学率 100%，初中学龄人口净入学率 100%。共有中等职业学校 11 所，当年招生 7 730 人，在校学生 22 560 人。共有幼儿园 515 所，在园幼儿（含附设幼儿班）8.89 万人；特殊教育学校 5 所，在校残疾学生 441 人。

四、医疗医院

2021 年年末，全市拥有卫生健康机构 2 899 个。其中，医院 60 所，社区服务中心（站）15 个，卫生院 166 个，村卫生室 2 167 个。共有床位 19 249 张。共有卫生人员 24 935 人，其中，卫生技术人员 20 901 人，卫生技术人员中执业（助理）医师 6 657 人，注册护士 8 610 人。

第六节　地质灾害特征

安康市地处秦巴山区东段，境内山高、沟深、坡陡，断裂构造发育、易滑地层分布广泛，地质环境脆弱。在降雨、地震等因素的触发下易发生崩塌、滑坡、泥石流等地质灾害。加之一些老滑坡在降雨、地震、风化、构造运动及人类工程活动等因素的长期作用下，可能复活产生新的滑坡。强降雨、冻融作用及不合理人类工程活动是引发地质灾害的主要因素。根据《安康市"十四五"地质灾害防治规划》，全市地质灾害高易发区面积 1 767.33km^2，占全市国土面积的 7.51%；地质灾害中易发区面积 4 315.08km^2，占全市国土面积的 18.34%；高、中易发区面积之和为 6 082.41km^2，占全市国土总面积的 25.85%。截至 2022 年 3 月底动态更新数据：全市共有 2 917 处在册地质灾害隐患点，共威胁15 839户、8 1801 人、90 733 间房屋的生命财产安全。安康市 2022 年地质灾害重点防范患点见表 1.4。

其中重点防范的区域主要分布在县城、集镇、人口密集的居民点和交通沿线等地质灾害高易发区。以浅层堆积层滑坡为主，崩塌、泥石流较少，多为强降雨和人类工程活动诱发，灾害严重，应重点防治。主要分布地段为：宁陕县江口镇一广货街镇旬河沿岸局部地区；宁陕县筒车湾镇一梅子镇汶水河流域沿岸；宁陕县城关镇及堰坪河流域及其支流沿线；宁陕县龙王镇一太山庙镇沿池河流域局部地区；平利县老县镇一大贵镇一洛河镇黄洋河沿线；紫阳县一汉滨区一旬阳县一白河县所处汉江河谷及其支流沿线两岸人口密集区；镇坪县南江河一竹溪河一毛坝河沿线河谷区。根据隐患点数量、威胁人数及地质环境综合分析，重点防治城镇包括：宁陕县城关镇、江口镇、龙王镇，石泉县城关镇、饶峰镇、喜河镇，汉阴县漩涡镇，紫阳县城关镇、蒿坪镇、高滩镇、红椿镇，岚皋县城关镇、南宫山镇，平利县八仙镇、兴隆镇、大贵镇，镇坪县城关镇、曾家镇。这些城镇地质环境条件复杂，人口集中，在降水、人类工程活动等因素的影响下，发生滑坡、崩塌、泥石流等突发性地质灾害的可能性大。

表 1.4 安康市 2022 年地质灾害重点防范隐患点一览表（安康市 2022 年度地质灾害防治方案）

序号	市	县（区）	灾害点名称	经度	纬度	灾害类型	威胁对象			险情等级
							户数/户	人数/人	房屋/间	
1	安康市	岚皋县	潘家屋后滑坡	108°53′24″	32°19′34″	滑坡	3	710（医院）	109	大型
2	安康市	岚皋县	查家坪滑坡	108°54′04″	32°19′21″	滑坡	4	116	13	中型
3	安康市	紫阳县	蒿坪街道社区滑坡	108°36′36″	32°35′33″	滑坡	50	163	228	中型
4	安康市	岚皋县	白家坡滑坡	108°43′44″	32°24′34″	滑坡	66	193	3	中型
5	安康市	岚皋县	学校院子滑坡	108°42′42″	32°24′55″	滑坡	16	350	31	中型
6	安康市	旬阳县	石门中学滑坡	109°25′32″	32°34′45″	滑坡	19	503	331	大型
7	安康市	岚皋县	耳扒滑坡	109°01′14″	32°12′42″	滑坡	8	26	20	中型
8	安康市	旬阳县	阴坡院子西侧滑坡	109°20′39″	32°41′54″	滑坡	22	84	104	中型
9	安康市	汉滨区	向家山滑坡	108°32′06″	32°43′54″	滑坡	1	450（学校）	20	中型
10	安康市	汉阴县	终南寺滑坡	108°20′31″	32°41′00″	滑坡	46	528	276	大型

第七节 房屋结构特征

安康市房屋结构呈现多样化属性，且在城区、城乡结合部和农村地区有明显的分区特征，一般框架结构、钢结构等主要集中在城区，而城乡结合部和农村地区以设防砖混或未设防自建砌体结构为主，另外在农村地区还有少量的土木结构、木结构及石结构房屋。

安康市城镇和农村砖混结构较多。2008 年以前自建的砖混结构房屋抗震能力一般，抗震构造措施大多不完整，没有做到层层圈梁和构造柱等抗震设防措施，2008 年后建造的砖混房屋大多都能按照砌体结构设计规范来设计建造，具有一定的抗震能力。

安康市城区的框架结构较多，大多不超过 10 层，主要分布在市区和城镇街道，大部分都是经过正规设计院按照混凝土结构设计规范和建筑抗震规范设计建造，抗震能力较好。主要用于教学楼、办公楼、酒店和住宅等。

安康市有钢结构的办公和工业用房，大多建于2010年以后，基本都是通过正规设计院和施工单位进行抗震设计和建造，有完备的建造图纸，具有较好的抗震能力。

安康市的土木结构房屋较少，基本上很少住人，土木结构房屋大多建造于20世纪80年代以前，大部分采用土坯砖墙体，少数为夯土墙体，人字形木屋架，硬山搁檩，屋内有木柱支撑，抗震性能较差。

安康市的砖木结构房屋较少，大多数为20世纪90年代以前建造，房屋墙体采用泥浆或混合砂浆砌筑，基础采用卵石基础或砖基础，埋深50cm左右，基本上较少住人。

第八节　地震动参数区划

《中国地震动参数区划图》在建设工程抗震设防、社会经济发展和城乡建设等方面发挥了重要作用。随着我国地震监测能力不断提高，基础资料不断丰富和积累，2015年国家质检总局和标准化管理委员会批准发布了《中国地震动参数区划图》(GB18306－2015)。该标准充分吸收了国内外最新研究成果和资料，消除了不设防区，全国设防参数整体上有了适当提高。新版本中还增加了全国城镇Ⅱ类场地基本峰值加速度及基本地震动加速度反应谱特征周期，安康市各城镇具体情况见表1.5。

表1.5　安康市各城镇场地峰值加速度及特征周期表

县区	城镇	峰值加速度/g	特征周期/s	地震基本烈度
汉滨区	建民街道、江北街道、老城街道、新城街道关庙镇、张滩镇	0.10	0.35	Ⅶ
	五里镇、瀛湖镇、恒口镇、大同镇、流水镇、大竹园镇、洪山镇、石转镇、双龙镇、共进镇、田坝镇、晏坝镇、双溪镇、谭坝镇	0.05	0.35	Ⅵ
	吉河镇、早阳镇、石梯镇、关家镇、县河镇、坝河镇	0.10	0.35	Ⅶ
	茨沟镇、大河镇、沈坝镇、中原镇	0.05	0.40	Ⅵ
	叶坪镇	0.05	0.45	Ⅵ
汉阴县	城关镇、平梁镇、铁佛寺镇、龙垭镇、酒店镇、双河口镇、观音河镇	0.05	0.45	Ⅵ
	涧池镇、漩涡镇、汉阳镇、上七镇、双坪镇	0.05	0.40	Ⅵ
	蒲溪镇、双乳镇	0.05	0.35	Ⅵ
石泉县	城关镇、池河镇、后柳镇、喜河镇、熨斗镇、迎丰镇、饶峰镇、两河镇、中池镇、云雾山镇、曾溪镇	0.05	0.45	Ⅵ

表 1.5(续)

县区	城镇	峰值加速度/g	特征周期/s	地震基本烈度
宁陕县	城关镇、皇冠镇、龙王镇、金川镇、新场镇、梅子镇、筒车湾镇、四亩地镇、太山庙镇	0.05	0.45	Ⅵ
	江口镇、广货街镇、丰富镇	0.10	0.45	Ⅶ
紫阳县	城关镇、蒿坪镇、汉王镇、焕古镇、向阳镇、洄水镇、洞河镇、斑桃镇、双桥镇、高桥镇、红椿镇、双安镇、东木镇	0.05	0.40	Ⅵ
	高滩镇、毛坝镇、瓦庙镇、麻柳镇、界岭镇广城镇、饶溪镇、联合镇	0.05	0.35	Ⅵ
镇坪县	曾家镇、牛头店镇、城关镇、上竹镇、曙坪镇、钟宝镇、华坪镇、小曙河镇、洪石镇	0.05	0.35	Ⅵ
白河县	城关镇、中厂镇、构扒镇、卡子镇、茅坪镇、宋家镇、西营镇、仓上镇、冷水镇、麻虎镇、小双镇	0.05	0.40	Ⅵ
	双丰镇	0.10	0.40	Ⅶ
平利县	城关镇、长安镇、老县镇、大贵镇、兴隆镇、西河镇	0.10	0.35	Ⅶ
	三阳镇、洛河镇、广佛镇、八仙镇、正阳镇	0.05	0.35	Ⅵ
岚皋县	城关镇、石门镇、民主镇、大道河镇、蔺河镇、溢河镇、四季镇、堰门镇、铁炉镇	0.05	0.40	Ⅵ
	佐龙镇、滔河镇、花里镇、官元镇、孟石岭镇、横溪镇	0.05	0.35	Ⅵ
旬阳县	城关镇、白柳镇、甘溪镇、赵湾镇、小河镇、桐木镇、仙河镇、麻坪镇、双河镇、构元镇、关口镇、蜀河镇、红军镇、棕溪镇、仁河口镇	0.05	0.40	Ⅵ
	吕河镇、神河镇、金寨镇、段家河镇、赤岩镇	0.10	0.40	Ⅶ
	铜钱关镇、石门镇	0.10	0.35	Ⅶ

第二章

安康市地震构造背景分析

第一节　区域地质构造背景

安康市横跨秦岭地槽褶皱系和西南地台两个一级构造单元。以石泉饶峰—紫阳麻柳坝—镇坪钟宝区域性断裂为界，其北侧属秦岭地槽褶皱系，其南侧为扬子准地台区，均属一级构造单元。秦岭地槽褶皱系划分为北部加里东褶皱带、中部海西—印支褶皱带及南部加里东褶皱带。北带与中带以沙沟断裂划分，中带和南带以凤凰山—牛山复背斜为界。其南部是扬子准地台北缘大巴山弧形过渡带的一部分。因此，安康地区的构造，北部为东西向构造带，南部为北西向构造带和大巴山弧形构造带（陕西省区域地质志，1989）。

1. 北部构造带

北部的东西向构造带主要分布于宁陕—旬阳一线以北，形成复式褶皱和压性断裂，并控制岩体和盆地。构造带始于震旦纪，后期反复活动，现代仍有表现。

（1）沙沟断裂以北为加里东纬向构造带，岩浆活动频繁而强烈，岩石变质深，导致构造复杂，属下古生代褶皱带。

（2）宁陕北和沙沟断裂南，是由震旦—泥盆系组成的复式褶皱带，由沙沟复向斜和冷水沟复背斜，以及新场复向斜和旬阳坝复背斜等构成。

（3）宁陕以南古生代地层中，有东西向断裂束，属区域性深断裂，具有压扭性。因形成较早而被北北西向断裂切割。沿断裂东西向有岩体和岩脉产出。

（4）旬阳以北的志留—石炭系地层中，发育西北北—南东东向褶皱断裂构造。即公馆—双河短轴背斜和羊山短轴向斜，向西分支，向东至白河一带轴线向东南偏转。断裂有康坪—洛河、公馆—磨沟口、羊山等。在褶皱轴部及其两侧，多被北西或南东向断裂切割。

2. 南部构造带

安康市在燕山运动中山川大势已基本形成，而新构造运动是在已经刚化的地壳上发生的，在古构造基础上进行的，具有明显的继承性。主要表现在大断裂复活与脉状上升。而褶皱表现不明显，对地貌影响不大，局部地段隆起与拗陷使一些河谷水系的个别地段发生迁移。

由于控制盆地的断裂两侧差异性升降运动，导致盆地内的水系发育不对称。如月河南侧的支流短且直，坡陡流急，而北侧支流长而缓。

大断裂一般表现为张性复活，上盘下降使老第三纪盆地扩大，新生代沉积则集中于断陷盆地中。除大断裂复活外，还有新构造运动形成的新断裂。安康县七里沟右侧银花沟内，下更新统沙砾层中有两条张性断裂，与此类似的张性断裂在恒口以北上更新统亦有发现。因此,脉状上升是安康地区新构造运动的一个重要特征。

第四纪时期,地壳间歇性上升,形成一至四级阶地。在月河盆地中因断裂呈张性复活,南侧上升,北侧下降,形成第三纪地层向南西倾斜的单斜构造。

第二节　主要断裂

安康市大量的地震事件表明,破坏性地震的孕育与发生同断层的活动习性密切相关。研究主要断层的分布、性质及活动特性等,对进一步确定地震危险区极为重要。安康市的断层构造极为发育,断裂走向以北西向为主,其次为近东西向,分布位置详见断层分布图。安康市主要断裂是对地形地貌和地质历史发展以及现今地震构造活动起控制性作用的重要断裂,分别论述如下(如图 2.1 所示)。

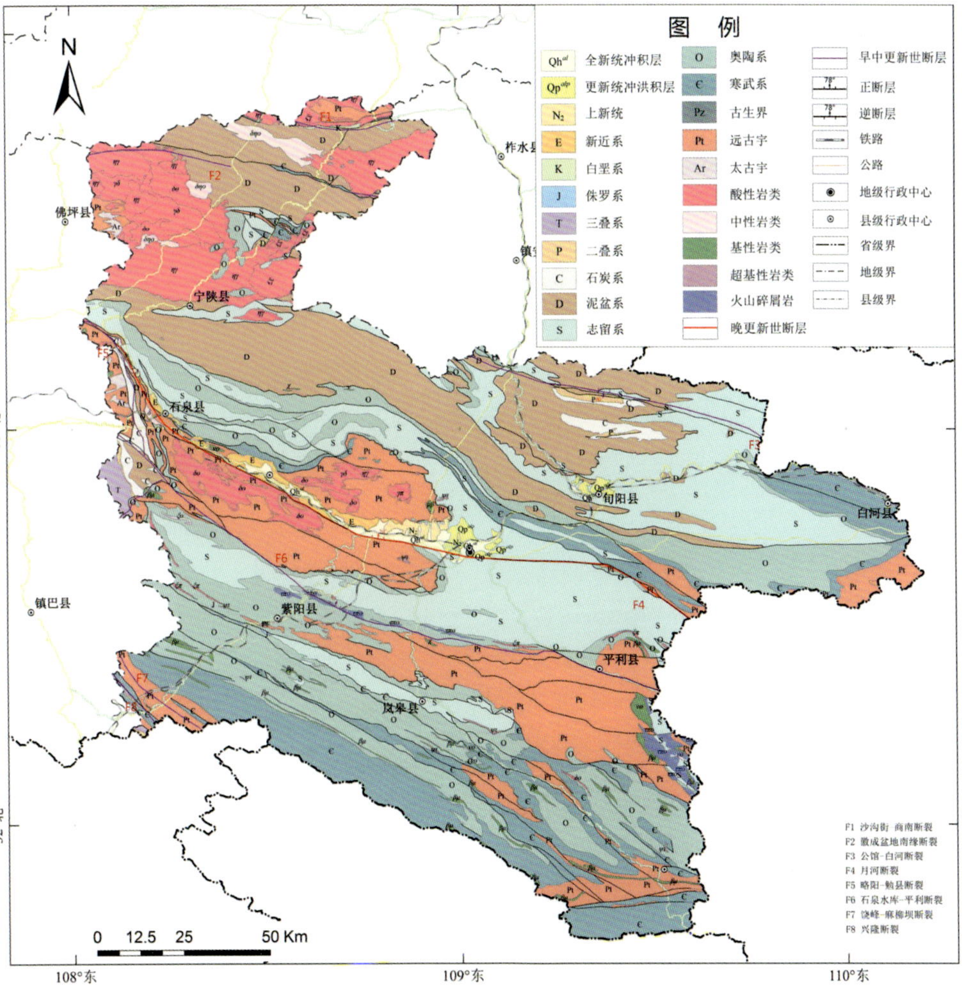

图 2.1　安康市地震构造图

一、沙沟街－商南断裂(F_1)

沙沟街—商南断裂为北秦岭和南秦岭构造带分界断裂，断裂带西起甘肃武山，经陕西凤县唐藏、岩湾、太白黄柏塬、周至厚畛子、宁陕沙沟、商州三十里铺、草阳、蓝田岱峪、丹凤、商南至河南南阳，全长300km，横贯陕西全省。该断裂走向近EW或NW，倾向NE或N，倾角60°～80°。该断裂带新生代第三纪以前活动强烈，控制了商丹红色盆地，但第四纪以来它的活动性大大减弱，看不到第四纪断层(陕南地区主干断裂活动性鉴定报告，2011)。在卫星影像上，断裂的线性较明显，对经过的山脊、水系也有一定的控制作用，无地震活动记载。

在商州西商丹盆地西界，该断裂带早在晚元古代断裂带就有活动，构造地貌清楚，经历了多期的构造活动，后来断裂遭受了反复的拉张与挤压，并伴有基性、超基性的岩浆活动和火山活动，中生代末再次拉张形成了商县等一系列小型内陆断陷盆地，控制了白垩系的沉积；第三纪由于继承性的活动，商县盆地接受了上千米厚的第三纪红色砂砾岩堆积。并在多处发现了断层剖面，第三纪红色砂砾岩与老地层呈断层接触，白垩纪至第三纪早期断裂活动强烈，控制和形成了商丹红色盆地，但第四纪以来断裂的活动性大大减弱，看不到其对第四纪沉积的明显控制作用。图2.2是商州南炸药厂同一条冲沟的东壁(33.845 68°，109.903 65°)剖面，可见厚度大于4m的上更新统棕色亚粘土(层①)覆盖于断层之上，未发生变形和断错，在其底部采ESR样品测年结果为(70±7)千年。层②为一套湖积、冲积灰、深灰、灰黑色粘土夹棕黄色砂砾石层透镜体，在其底部取ESR样品测年结果为(127±12)千年，堆积时代为中更新世。该层层理向南反倾，应是受到断层活动影响所致。从该剖面分析可知，层②发生过轻微反向倾斜变形，反映断层在中更新世晚期曾有过活动。层①底部形成时代为晚更新世中期，表明断层大约在距今7万年以来已停止活动。

综合分析认为，沙沟街—商南断裂为中更新世断裂。

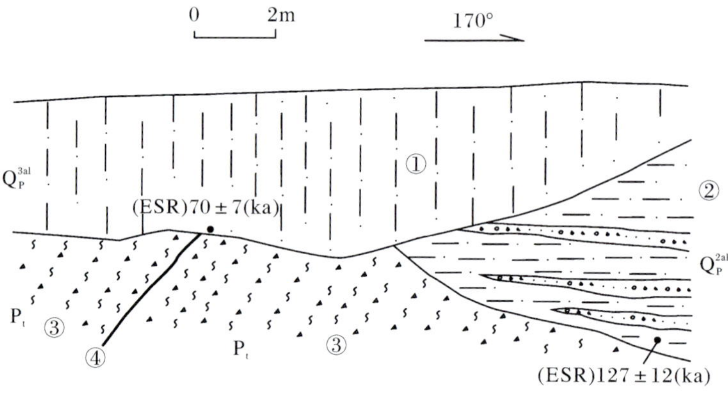

①—上更新统棕色亚粘土；②—中更新统灰、深灰、灰黑色粘土夹棕黄色砂砾石层透镜体；

③—元古界浅灰、浅棕色断层破碎带；④—断层；●ESR取样位置

图2.2 商州南炸药厂东侧断裂剖面

二、徽成盆地南缘断裂(F_2)

该断裂西起甘肃省成县平洛镇以西，向东经抛沙镇南、成县南、徽县南、嘉陵镇北、陕西省留坝县城北，止于江口镇以东，长约 180km。可大致分成 3 段，分别为成县东南段、红川—徽县段和嘉陵江以东段。走向北东—北东东—近东西，呈折线状，倾向南东或北西。根据野外所观察到的断裂剖面和断裂槽地，确认主要断裂的影响宽度为 50～200m。在卫星影像上，成县东南段、红川—徽县段线性迹象清楚，特别是古生界—中生界与新生界的交界部位，其线性影像清晰。

元坝子新修公路边，汉江一级支流Ⅲ级阶地基座由泥盆纪暗绿色板岩、千枚岩构成，其上堆积 10 余米的灰白、黄褐色砾石层夹红褐色粗砂、黄褐色细砂。基座中发育该断裂次级断层，向上未影响到砾石层和粗、细砂，反映Ⅲ级阶地堆积以来断层没有活动。综上，该断裂切割的最新地层为新近系，断层之上覆盖的地层为上更新统和全新统。结合断层物质测年结果综合分析，断裂的最新活动时代是早、中更新世，晚更新世以来不活动(如图 2.3 所示)。

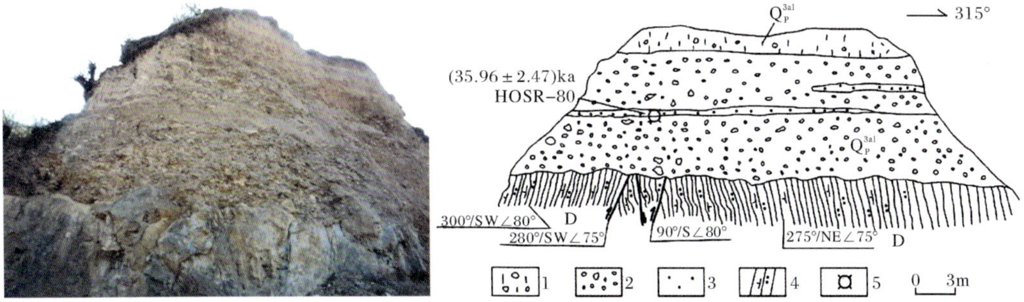

1—黄褐色含砾石亚砂土；2—灰白、黄褐色砾石层；

3—黄褐、红褐色粗砂、细砂；4—暗绿色板岩、千枚岩；5—OSL 样点

图 2.3　元坝子新修公路边Ⅲ级阶地照片(左，镜向：SW)及基座中断裂

三、白河-公馆断裂(F_3)

该断裂为区域性大断裂，走向 NW，倾角 60°～80°，向东延伸到湖北省，长达 180 余千米，破碎带宽数十米至百余米。东段倾向北东，为高角度逆断层，西段倾向南西。该断裂大致处在秦岭挤压应力中轴的南侧部位，发生于前古生代，控制古生代沉降坳陷带，具同沉积断裂性质。界牌一带可见到断层剖面，断层带以南为泥盆系地层，以厚层碳酸盐岩为主，地貌上表现为十分壮观的断层崖地貌。北部为志留系地层，以薄层浅变质岩夹碳酸盐岩为主，地貌表现为低缓的山丘。破碎带宽约 100m，发育有构造角砾岩、片理化等，断面上具有不同方向的擦痕阶布、镜面等。

在梅花铺南断层露头中，断层破碎带上覆坡积层(Q_p^{3al})未被错断(如图 2.4 所示)，由此判断断裂活动时代应在该坡积层堆积之前。断层泥样品热释光年代测定结果显

示，断裂活动的最新时代为 33.89 万年（据《汉江蜀河水电站坝址地震安全性评价工作报告》2003 年 9 月），说明断裂的最新活动时代应为中更新世。

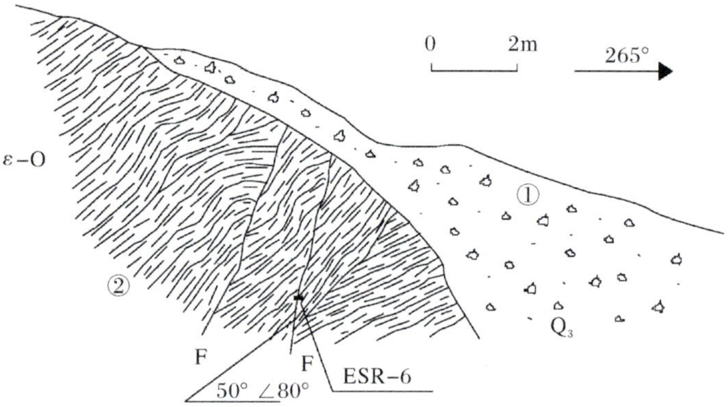

①—坡积砂砾土；②—寒武-奥陶系灰色千枚岩

图 2.4　白河-公馆断裂梅花铺剖面

从地震活动资料来看，白河、公馆、旬阳坝等地，也是一个地震活动带，1968 年公馆南 3.3 级地震发生在该断裂带上。

四、月河断裂（F_4）

该断裂为区域上一条主要断裂，又称石泉—安康断裂、安康—竹山断裂等。该断裂由多条平行排列的断层带组成，破碎带宽 300～500m，糜棱岩、压碎岩和断层角砾岩发育。断裂走向北西，倾向北东，倾角 60°～80°。该断裂具有长期的活动性。早期（前燕山期）力学性质为压性或压扭性，充当牛山复背斜与凤凰山复背斜之间的分界断裂，晚期（燕山期以来）则以张扭性活动为主，控制汉阴、安康新生代断陷盆地的形成和发展。断裂地貌标志明显，基岩断层三角面典型，遥感影像图上表现为线状特征（如图 2.5 所示）。综合判断该断裂为晚更新世活动断裂。

图 2.5　月河断裂遥感影像图（据陕西省断裂构造特征及说明，2017）

该断裂在汉阴县城以西，断裂走向由北西西逐渐转为北西向，断面总体向北东倾斜。南磨子沟西侧的探槽位于公路边，长 13m，深 3～5m。自上而下揭露出 6 层不同岩性、不同堆积类型地层。①土黄色亚砂土；②黄褐、灰褐、土红色亚砂土、亚粘土夹砂细砾透镜体，具水平层理；③褐黄、棕黄、棕褐色粘土、亚粘土、亚砂土，夹粗砂，偶含碎石，在其上部取样品测年结果分别为(39.95±3.40)ka 和(113±11)ka，属晚更新世；④灰黑色粘土、亚粘土，夹棕色碎石，母岩为风化花岗岩、基性岩；⑤褐黄色风化花岗闪长岩；⑥石英岩脉，风化后呈浅灰、紫红色。探槽中揭露出清楚的断层 1 条，自下而上切割了层⑤、④、③，被层②、①覆盖，上、下两盘花岗岩顶面落差约 4m(如图 2.6 所示)。断面平整光滑，夹有几厘米厚的棕黄、紫褐色断层泥片，采样品测年结果为(110±11)ka。剖面上部的层②、①应是全新世堆积。

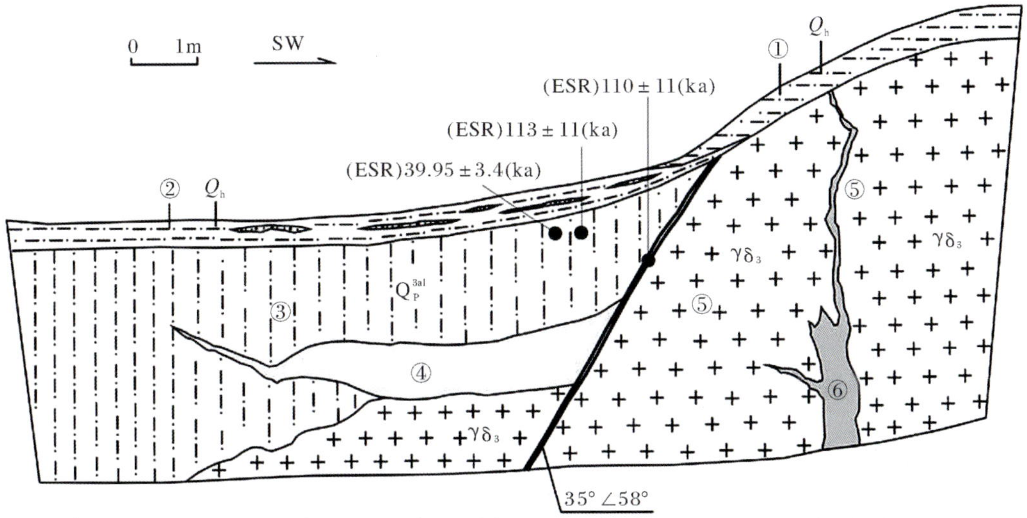

图 2.6 南磨子沟西侧月河断裂探槽剖面

上述可见，断裂切割了层⑤褐黄色风化花岗闪长岩，层④灰黑色粘土、亚粘土，层③褐黄、棕黄、棕褐色粘土、亚粘土、亚砂土，其上被层②黄褐、灰褐、土红色亚砂土、亚粘土和层①土黄色亚砂土覆盖。根据断层与地层的切割和覆盖关系，反映该断裂的最新活动时代是晚更新世。根据断层两盘层⑤的出露高度，其垂直断距约为 4m。

龙王沟附近开挖揭露出清楚的断层面。走向 320°，倾向北东，倾角 68°左右。断面切割震旦系陨西群浅灰、灰褐色石英片岩、流纹斑岩，向上断错月河Ⅲ级阶地砾石层，并使其发生变形，向南西反倾，倾角 10°左右。断层之上被一套坡积褐黄色砂土夹砾石层覆盖(如图 2.7 所示)。被断错的Ⅲ级阶地砾石层厚 3～5m，砾径一般为 3～6cm，大者 10～20cm，次圆状，层理清晰，呈褐黄、橘黄、灰褐色。根据年龄样品测年结果，汉江Ⅲ级阶地的堆积时代为晚更新世，其上的坡积褐黄色砂土夹砾石层的堆积时代初步判断为晚更新世晚期。由此分析，该剖面反映月河断裂的最新活动时代是晚更新世。

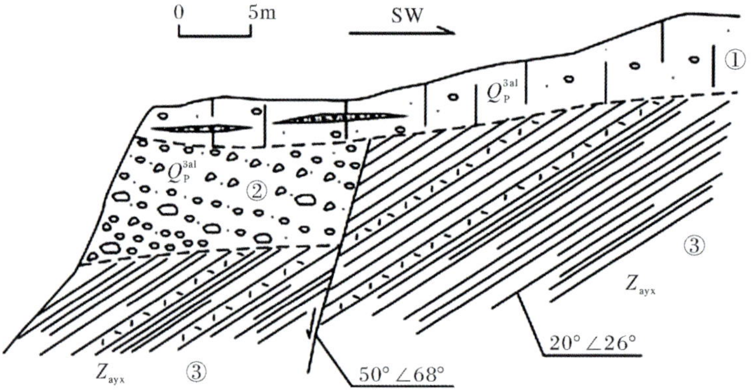

①—上更新统褐黄色坡积砂土夹砾石透镜体；②—上更新统冲积褐黄、橘黄、灰褐色变形卵石层；③—震旦系陨西群浅灰、灰褐色石英片岩、流纹斑岩

图 2.7 汉阴县西南月河断裂剖面

五、略阳-勉县断裂(F_5)

该断裂西起甘肃省文县，向东经康县、陕西省略阳、勉县、汉中盆地北缘，止于洋县以西，长约 360km。前人曾对该断裂进行了较多研究。大地构造学者认为它是中国大陆构造中划分南北、连接东西的重要构造带。在卫星影像上，该断裂显示较清晰的线性特征。

沿断裂的大部分段落表现为槽地特征，但在汉中盆地北缘段，多表现为断层崖和断层陡坎。例如沙子沟—老道寺一带，断裂两侧盆地和山地构成明显的地形高差，断层以北的古生界构成中低山，以南为汉中盆地，盆地基底为元古界，其上为第四系。勉县以西约 15km 的大营—马家沟一带，断裂构成不同时代地层的界线，沿断裂有冲沟或槽地发育，断裂两侧地形高差无明显差别。

在汉中褒河河口东岸，断裂通过的位置，宏观上是古生代基岩与第四纪早、中更新世洪积台地交界的位置。在人工开挖的剖面上，见志留纪灰绿色片岩、砂岩中发育 3 条断面，其中两条断面间为厚 5m 左右的断层破碎带，断面之上盖有晚更新世含砾石砂土，ESR 测试结果为(90.84±7.72)千年(如图 2.8 所示)。断裂之上覆盖的最老地层是大于 9 万年的上更新统，因此，断裂的最新活动时代是中更新世。

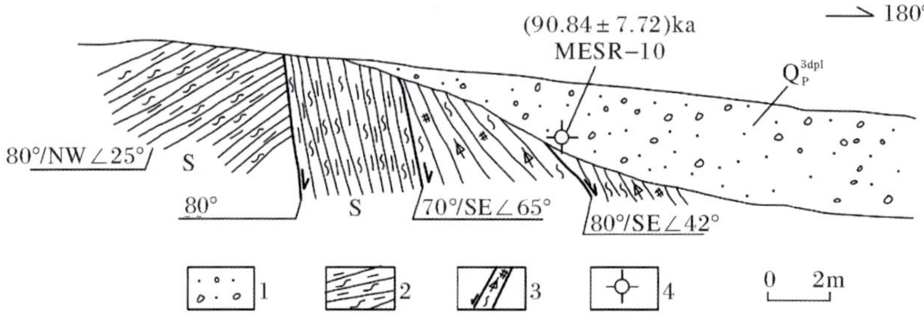

1—含砾石砂土；2—灰绿色片岩、砂岩；3—断层破碎带；4— OSR 样点

图 2.8 汉中褒河河口东岸断裂剖面

六、石泉水库-平利断裂(F_6)

该断裂主要由3条次级断裂组成。北边一条西北起自石泉水库，向东南经茶镇、漩涡、蒿坪河，止于洞河以北，长约120km。走向290°～300°倾向北东，倾角50°以上。断裂构成寒武系、泥盆系、石炭系、二叠系之间的界线。

中间一条西北起自漩涡东南，向东南经洞河、佐龙、平利北，止于竹溪西北，长约130km。走向280°倾向北东，倾角50°以上。断裂切割寒武系、奥陶系、志留系、二叠系，不同段落还构成不同时代地层之间的界线。沿断裂加里东期岩浆岩发育。

南边一条西起平利以西，向东经平利南、中峰镇、湖北省竹溪南，止于水坪镇，长度大于70km。走向270°～290°倾向北东，倾角60°以上。断裂切割寒武系、奥陶系、志留系、二叠系。断裂在卫星影像上有较清楚的线性特征，最清楚的段落是湖北境内的中锋—水坪镇段(如图2.9所示)。

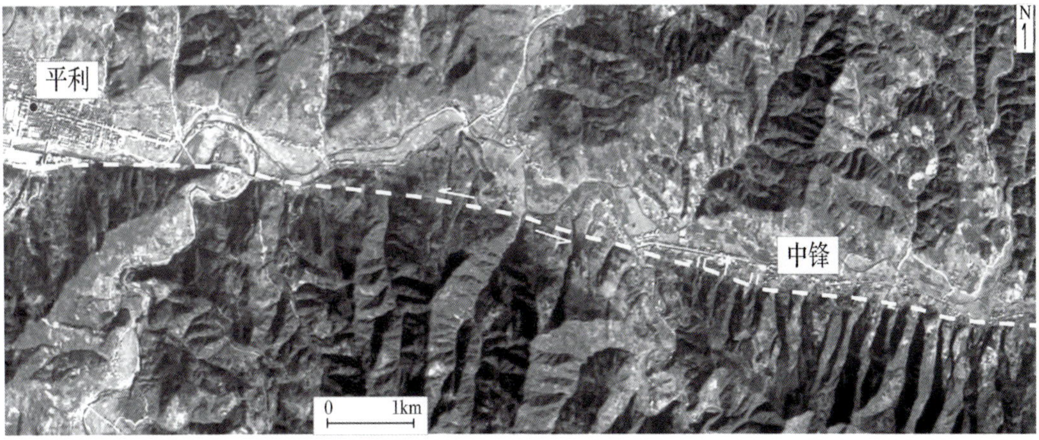

图2.9 石泉水库—平利断裂中锋—水坪镇段卫星影像

总体而言，该断裂带切割古生界或构成古生界不同地层之间的界线。除了少数地段不同地貌单元的界线外，一般从基岩山地中通过，因此两盘地貌落差不明显。

紫阳县洞河镇东南，八庙梁南侧的洞河左岸公路边，断裂切割洞河Ⅲ级阶地基座，形成宽度大于20m的断层破碎带，其中有两组宽2m的断层及细碎裂岩带。破碎带及细碎裂岩带原岩为志留纪硅质岩、炭质页岩、粉砂岩。断层破碎带及细碎裂岩上部被一套厚约6m的棕褐、土红、土黄色亚砂土夹细砾透镜体覆盖，为洞河Ⅲ级阶地堆积，拔河高度50～60m。在该层(层①)底部取得ESR样品，测年结果为(56±5)ka，属于晚更新世中期堆积(如图2.10所示)。

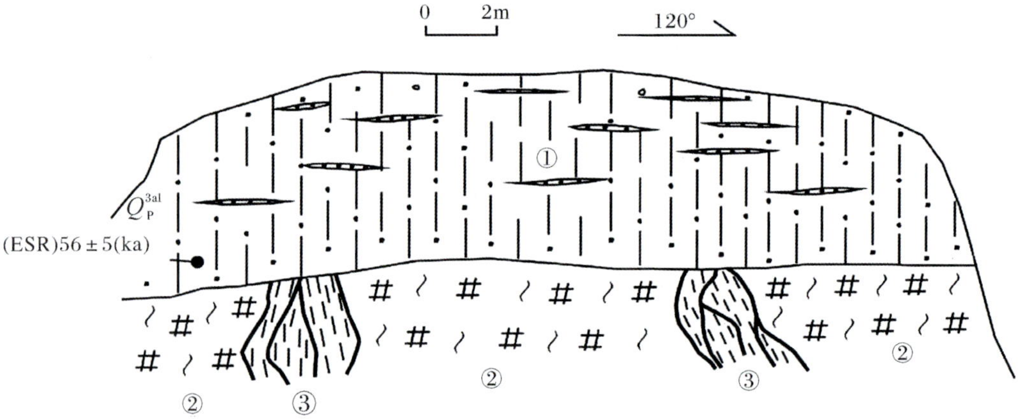

①—棕褐、土红色亚砂土夹细砾透镜体；②—棕灰、褐灰、

灰黑色断层破碎带；③—深灰、褐灰色断层碎裂岩

图 2.10 八庙梁南侧洞河左岸 F_3 断裂剖面

天然和探槽剖面反映，断裂主要从古生界中通过，石牛河探槽剖面切割的最新地层为距今 11.4 万～18.1 万年的砂砾石层，小南沟采石场探槽剖面和八庙梁南侧洞河左岸剖面，断裂盖层测年结果为 5 万～5.6 万年左右，因此，断裂的最新活动时代为中更新世晚期。

沿该断裂东段的竹溪东北发生 788 年的 $6\frac{1}{2}$ 级地震和竹溪北 1632 年的 5 级地震。1970 年有仪器记录以来，断裂东段多次发生 3.0～4.9 级小震。是地震活动中等的断裂。

七、饶峰-麻柳坝断裂(F_7)

该断裂构成I级构造单元的界线，断裂带东北为秦岭—大巴地槽褶皱系，西南为扬子地台，总体呈略向西凸的弧形。断裂构成元古界、古生界与中生界三叠系之间的界线，地貌上显示较清楚的断层谷、断层槽，卫星影像上显示较清晰的线性特征。该断裂倾向东、东南或多变，倾角 65°～80°。该断裂规模较大，挤压现象明显，沿断裂普遍存在着破碎、压碎、糜棱岩化和角砾岩化，断裂带宽 20～500m，属压扭逆冲断层。该断裂新生代以来活动较明显，第四纪以来仍有活动显示。

在紫阳县麻柳坝一带断层崖发育，多处发现剖面露头及破碎带(如图 2.11 所示)。在麻柳坝附近出露的断层剖面上取了 ESR 样品，测年结果为距今(66.3±5.0)万年，说明该断裂中更新世活动。

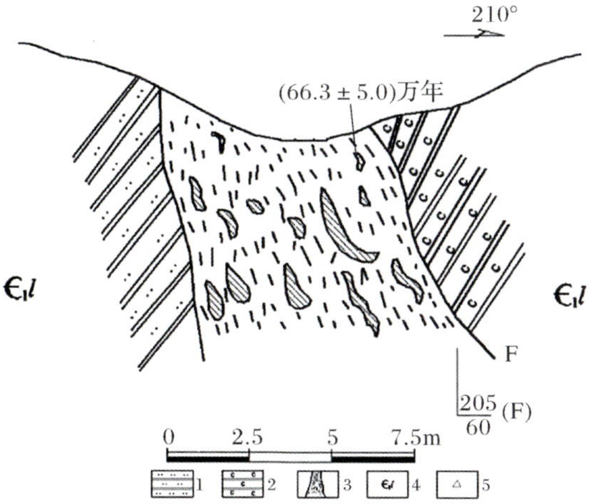

1—粉砂质板岩；2—炭质板岩；3—断层破碎带；4—鲁家坪组；5—年龄样

图 2.11　饶峰—麻柳坝—钟保断裂麻柳坝断层剖面

八、兴隆断裂(F_8)

兴隆断裂出露于小渔坝、三岔河、十二岭、星子山一带，向东南延入四川城口一带，省内长约 65km，呈弧形状交会于饶峰—麻柳坝断裂。总体走向 NW，西北段以弧形弯曲变为 NE 走向，弧顶向西凸出，断裂面倾向 E 或 SE，倾角约 70°左右，属压扭性逆断层。断裂破碎带宽 200～500m，在断层破碎带内有挤压扁豆体和糜棱岩，而糜棱岩炭化现象十分明显。

在西乡县马家湾地貌上表现极为明显，可见到明显负地形。由于断裂两侧岩石的岩性、产状、物理力学性质具有明显差异，受断裂影响，两侧岩石的露头特征也大有不同。西侧灯影组白云岩，本身坚硬，变形较小，东侧的牛蹄塘组及石牌组，均为较软的页岩、粉砂岩及粉砂质页岩等，均为碎片状，残坡积也较发育(如图 2.12 所示)。

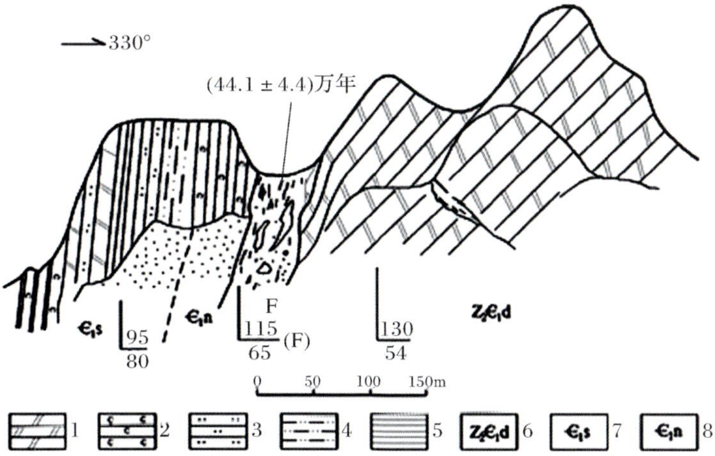

1—白云岩；2—炭质页岩；3—粉砂岩；4—粉砂质页岩；5—页岩；6—灯影组；7—石牌组；8—牛蹄塘组

图 2.12　兴隆断裂西乡县马家湾断层剖面

在该断层破碎带中采取ESR样品，陕西省地震局对该断裂进行了测试，结果为距今(44.1±4.4)万年，说明该断裂最新活动时代应为中更新世。

第三节 历史地震考证

公元788年3月12日(唐贞元四年正月二十六日)在安康东南发生过$6\frac{1}{2}$级地震，本次总结前人资料，并对该地震的位置、震级等进行了考证，考证资料和结论如下所述。

一、历史文献记载

〔贞元四年正月朔日〕，德宗御含元殿受朝贺。是日质明，殿阶及栏槛三十余间，无故自坏，甲士死者十余人。其夜，京师地震。二日又震，三日又震，十八日又震，十九日又震，二十日又震。帝谓宰臣曰："盖朕寡德，屡致后土震惊。但当修政，以答天遣耳。"二十三日又震，二十四日又震，二十五日又震，时金、房州尤甚，江溢山裂，屋宇多坏，人皆露处。

——《旧唐书·五行志》卷三十七

〔贞元四年正月朔日〕，德宗御含元殿受朝贺。是日质明，殿阶及栏槛三十余间，无故自坏，甲士死者十余人。其夜，京师地震。二日、三日又震，十八日(2月29日)又震，十九日(3月1日)、二十一日(3月3日)又震。帝谓宰臣曰："盖朕寡德，屡致后土震惊。但当修政，以答天遣耳"。二十三日(3月5日)又震，二十四日、二十五日、二十六日又震，时金、房州尤甚，江溢山裂，屋宇多坏，人皆露处。至二月三日壬午(3月15日)、甲申(3月17日)、乙酉(3月18日)、丙申(3月26日)、三月甲寅(4月16日)、己未(4月21日)、庚午(5月2日)、辛未(5月3日)又震，京师地生毛，或白或黄，有长尺余者。五月丙寅、丁卯(6月27、28日)、八月甲辰(10月3日)又震，其声如雷。

——《旧唐书·五行志》卷三十；

〔贞元四年正月庚戌朔〕是日质明，含元殿前阶基栏槛坏损三十余间，压死卫士十余人。京师地震，辛亥(初二)又震，壬子(初三)又震。……丁卯(十八日)京师地震，戊辰(十八日)又震，庚午(二十一日)又震。……癸酉(二十四日)，京师地震。……乙亥(二十六日)，地震，金、房尤甚，江溢山裂，屋宇多坏，人皆露处。

——《旧唐书·德宗纪》卷十三

〔贞元四年正月庚戌朔〕夜，京师地震。辛亥(初二)、壬子(初三)、丁卯(十八日)、戊辰(十九日)、庚午(二十一日)、癸酉(二十四日)、甲戌(二十五日)、乙亥(二十六日)皆震，金、房二州尤甚，江溢山裂，屋宇多坏，人皆露处。

——《新唐书·五行志》卷三十五

〔贞元四年正月庚戌朔〕京师地震。大赦，刺史予一子官，增户垦田者加阶，县令减选，九品以上官言事。……是月，金、房二州皆地震，江溢山裂。

——《新唐书·德宗纪》卷七

〔贞元四年正月庚戌朔〕，上御丹凤门，宣赦。是夕，京师地震，辛亥又震，……是月，金州、房州地震尤甚，江溢山裂，屋宇摧坏，至二月癸未（初四）又震，乙酉（初六）又震，丙申（十七日）又震。

——《唐会要·地震》卷四十二

二、金、房二州建置历史沿革

金州，禹贡荆、梁之交。周庸国地，春秋战国时属楚。秦属汉中郡。汉为西城县，东汉置西城郡。南北朝置梁州，西魏改置东梁州，寻以地出金，改金州。隋改西城郡，领县六，唐复为金州。天宝初，改安康郡。至德初（757 年），改金州为汉阴郡，领县六。曰西城、旬阳、平利、汉阴、石泉，育阳（旬阳县一部分）。乾元元年（758 年）罢郡复设金州。贞元元年（789 年）五月改隶山南东道。

房州，隋为房陵郡（治房县），唐复为房州，与金州同属山南东道。

三、前人对此次地震的研究

（1）李善邦《中国地震目录》、中央地震工作小组办公室《中国地震目录》中作："公元 788 年 3 月 8 日（贞元四年正月二十六日）在陕西安康东南（N32.5° E109.2°）发生 $6\frac{1}{2}$ 级地震，震中烈度八度。地震情况：金（治安康）、房（治房县）二州屋宇多坏，人皆露处，山裂江溢。长安（今西安）亦震。相距 200km。

（注："金、房二州无单独记载，极震区可能在二州交界地带。金州之平利以东即属房州界，疑震中较近安康"。）

（2）据"湖北地震史料汇考"：1981 年湖北省地震局丁忠孝、刘锁旺对房县至安康一带的北西向构造带的地震地质实地考察认为：这次地震的宏观震中似在竹山县西北擂鼓台。此地段位于竹山县与竹溪县交界的宝丰盆地西北之安康—房县断裂带上，是新生代以来地壳抬升较剧烈、夷平面强烈变形的地区。为此这次地震震中暂定在竹山县西北擂鼓台，其地理坐标是 N32°23′，E109°52′。地震时间定为：公元 788 年 2 月 12 日。

（3）据《陕西省志.地震志》将这次地震分为两个地质事件。

①地震时间：公元 788 年 2 月 12 日〔唐德宗贞元四年正月庚戌朔（初一）〕

参考震中：西安（N34.3° E108.9°）

震中烈度：七度　震级：$5\frac{1}{2}$

地震情况：贞元四年正月朔日，德宗御含元殿受朝贺。是日质明，殿阶及栏槛三十余间，无故自坏，甲士死者十余人。其夜，京师地震。二日、三日又震，十八日(2 月 29 日)又震，十九日(3 月 1 日)、二十一日(3 月 3 日)又震。帝谓宰臣曰："盖朕寡德，屡致后土震惊。但当修政，以答天遣耳"。二十三日(3 月 5 日)又震，二十四日、二十五日、二十六日又震，时金、房州尤甚，江溢山裂，屋宇多坏，人皆露处。至二月三日壬午(3 月 15 日)、甲申(3 月 17 日)、乙酉(3 月 18 日)、丙申(3 月 26 日)、三月甲寅(4 月 16 日)、己未(4 月 21 日)、庚午(5 月 2 日)、辛未(5 月 3 日)又震，京师地生毛，或白或黄，有长尺余者。五月丙寅、丁卯(6 月 27、28 日)、八月甲辰(10 月 3 日)又震，其声如雷。

贞元四年正月庚戌朔，京师地震，大赦，是岁京师地震凡二十。

②地震时间：788 年 3 月 12 日(788.3.8)〔唐德宗贞元四年正月乙亥(二十六日)〕

参考震中：安康东南(N32.5° E109.4°)

震中烈度：八度　震级：$6\frac{1}{2}$

地震情况：〔贞元四年正月〕乙亥(二十六日)地震，金、房二州尤甚，江溢山裂，庐舍多坏，居人露处。长安(今西安)亦震。

(4)据国家地震局震害防御司《中国历史强震目录》这次地震参数如下。

地震时间：788 年 3 月 12 日(788.3.8)〔唐德宗贞元四年正月二十六日〕

震中位置：湖北房县西北，(N32.4° E109.9°)

烈度：八度　震级：$6\frac{1}{2}$

地震情况：房县、安康地震，江溢山裂，庐舍多坏，居人露处。西安亦震。

四、考证结论与认识

对历史地震宜用历史的观点来认识，这次地震发生在距今 1223 年的唐代德宗贞元四年，由于现代保留记载这次地震事件的历史文献不多，初唐史之外，几乎没有再查到新的资料。地震发生时的唐代金、房二州，即现今的陕西安康和湖北房县，这一点没有人会提出疑问，地震时间、烈度、震级各位研究者也都认可，唯一认识不一致的是宏观震中位置和地质情况的描述。按照确定历史地震宏观震中位置的一般准则，凡记载两个以上地段震害相同的地震，其宏观震中位置取其地理位置的几何中心。但这也不绝对，不能教条，要充分考虑震害的类型、破坏的程度，结合地震地质构造条件去分析。

这次地震记载的破坏主要是"江溢山裂，庐舍多坏，居人露处。"虽然没有明确说何处"山裂"，但能形成"江溢"的，显然应该是要距离汉江更近一些的金州，而不是房州。更何况历史文献记载中金州排序在前，房州在后，这样也符合人们对同一事件"孰轻孰重"的排序习惯。正是基于这种看法，这次考证我们还是赞同李善邦《中国地震目录》、中央地震工作小组办公室《中国地震目录》的观点，认为宏观震中更靠近陕西安康，有可能在陕西省平利县与湖北省竹溪县交界附近，而不是更靠近湖北房县。相比较，四种观点都只是在经纬度的尾数上略有差别，纬度相差 9°～10°，经度最大相差 42°。对于历史地震震中而言，均在误差之内。如果有新增证据而作出变更，那是应该的，否则没有变更必要，把“安康东南”改变为“房县西北”，也只是文字游戏，没有实质意义（见表 2.1）。

表 2.1　788 年安康东南地震震中位置经纬度对比表

	作者	经度	纬度	参考震中	地震情况
1	李善邦	E109.2°	N32.5°	安康东南	地震，金（治安康）、房（治房县）二州屋宇多坏，人皆露处，山裂江溢。长安（今西安）亦震。相距 200km
2	丁忠孝	E109°52′	N32°23′	竹山西北	（未见综合描述，同李善邦）
3	宋立胜	E109.4°	N32.5°	安康东南	贞元四年正月乙亥（二十六日）地震，金、房二州尤甚，江溢山裂，庐舍多坏，居人露处。长安（今西安）亦震
4	震防司	E109.9°	N32.4°	房县西北	房县、安康地震，江溢山裂，庐舍多坏，居人露处。西安亦震

因此本次考证不赞同国家地震局震害防御司《中国历史强震目录》的观点。在没有新增有说服力资料证据的情况下，人为地把房县提到安康之前，把地震情况改为“房县、安康地震，江溢山裂，庐舍多坏，居人露处。西安亦震。”不妥，没有证据。从历史文献记载看，这次地震发生的一个月期间，《旧唐书》、《新唐书》记载有多次“又震”，这有两种解释：一是地震发生时，西安有感；二是同时在西安也发生了地震。既然国家地震局震害防御司《中国历史强震目录》中没有单独列出西安也发生地震，“西安亦震”也可以说反映出安康地震时远在西安“有感”，也从侧面表明宏观震中应该更靠近距西安方向更近的金州（安康）地界，而不是更靠近房县。从地震地质构造环境及地貌来分析，安康东南的平利一带为中高山区，历史上山崩灾害经常发生，是山崩灾害多发地区，而竹山一房县一带为中低山区，山崩灾害相对不易发生。

金州与房州相距近 200km。安康、平利、竹溪、竹山、房县 5 县近乎一条线排列于北西一南东向展布的石泉一安康一平利一竹山一房县大断裂带上，断裂带在卫星影像上有较清楚的线性特征，本次实施的陕南地区活动断层调查项目对此断裂带也进行了实地调查，并确认其为一条新构造分区边界断裂带。陕南秦岭、大巴山、米仓山地区除了这次地震之外，再没有记载发生过大于 6 级的地震，这条北西一南东向延伸的断裂带极有可能就是这次安康东南 $6\frac{1}{2}$ 级地震的发震断层。由于地震发生时间已经过去了 1 223年，震中地区也处于自然因素加人为改造活动非常强烈的地区，本次陕南地区活断层调查中尚未发现这次地震的震害遗迹。

考证结论：这次地震仍延用早期定名“788 年 3 月 12 日陕西安康东南 $6\frac{1}{2}$ 级地震”。

地震时间：788 年 3 月 12 日（唐贞元四年正月二十六日）

震中位置：陕西安康东南（N32.5° E109.4°）

震中烈度：Ⅷ度

震　　级：$6\frac{1}{2}$

地震情况：贞元四年正月乙亥（二十六日）地震，金、房二州尤甚，江溢山裂，庐舍多坏，居人露处。长安（今西安）亦震。

第三章

安康市地震危险性分析

地震危险性分析结果，是地震人员死亡和建筑物直接经济损失风险评估模型的重要参数，是开展地震灾害风险评估工作的基础。本章基于中国地震动参数区划图(GB18306—2015)地震活动性模型和第一次全国自然灾害综合风险普查技术规范相关要求，给出安康市 50 年超越概率 63%、10%、2%和 100 年超越概率 1%四个不同概率下的地震动峰值加速度和烈度结果，为地震灾害风险评估提供基础数据。

主要内容包括：地震活动性参数确定；地震动衰减关系确定；地震危险性概率分析计算；地震动参数场地调整、地震危险性区划和地震烈度区划。

第一节　地震危险性概率分析

为了使工程具有抗御未来可能遭遇到的地震破坏的能力，在其设计阶段，需要考虑工程寿命期内当地可能遭遇的地震动的强弱及其相关特性。然而，在目前的科学认识水平下，地震的发生及地震动特性都具有一定不可预见性，必须以概率方式评价和表达工程场地未来可能遭遇的地震影响，称为概率地震危险性分析(PSHA，Probabilistic Seiesmic Hazard Analysis)。概率地震危险性分析方法将工程场地周围地震构造环境特征、地震活动性特征以及地震动衰减特征的调查分析结果，表达为相应的概率分布函数，并通过概率理论计算，最终获得对工程场地地震危险性的概率表达。

CPSHA 方法针对我国地震活动空间不均匀性的特征，借鉴我国地震区带划分、发震构造研究的成果，采用地震统计区以及地震统计区内划分的潜在震源区共同反映地震活动。地震统计区用以表征地震活动在空间上大尺度分区、分带的不均匀性；而潜在震源区用以表征地震区、带内更小尺度的关联于具体构造规模、活动性等特征的地震活动不均匀性。

该方法有 3 个最基本的假定：首先在地震统计区内，地震活动的震级分布满足截断的指数分布(G－R 关系)，震级服从指数分布；特定时段内发生地震次数满足泊松分布，并且地震活动在不同潜在震源区之间为不均匀分布，而在潜在震源区内部，地震活动则满足单位面积上的均匀分布。CPSHA 方法能够更加细致地刻画地震活动时空不均匀性。

一、基本步骤

CPSHA 方法的基本步骤概括如下：

(1)建立潜在震源区模型：划分未来地震潜在震源的空间分布区域，建立潜在震源空间分布模型，用以表述在不同区域范围内的地震活动特点。根据区域地震活动空间分布特征，CPSHA 方法中潜在震源区模型由地震统计区和潜在震源区 2 个层次构成。地震统计区用以反映地震活动的分区、分带特征，地震统计区内划分潜在震源区用以反映局部地震活动的不均匀性。

(2)建立地震震级复发模型：假定地震统计区的地震震级复发模型符合截断的指数

分布关系，即G－R关系。根据地震统计区内地震样本统计确定地震统计区的G－R关系参数，主要为G－R关系的系数b值。

(3)建立地震事件发生模型：假定地震统计区内一定时段内发生的地震次数满足泊松分布。根据地震统计区内地震样本统计确定地震统计区的泊松分布参数，主要为泊松分布的单位时段内的均值发生率ν值。

(4)建立地震动预测模型：采用经验性的地震动参数衰减关系预测地震动，并考虑衰减关系拟合误差导致的随机不确定性。根据区域地震动衰减的特征，基于区域或更大范围内观测得到的强震动数据，拟合建立地震动参数的衰减关系，并确定其拟合方差。

(5)计算场点的地震危险性：采用全概率理论，综合计算各地震统计区内所有潜在震源区发生的地震在场点产生的地震动超越概率，综合得到场点地震动参数的超越概率曲线，确定场点的地震危险性。

二、地震危险性分析计算

依据以上基本步骤和全概率公式可得到基于潜在震源区参数的场点地震动参数A超越给定值a的超越概率为：

$$P(A \geqslant a) = 1 - \exp\left[-\sum_{k=1}^{N_z}\sum_{j=1}^{N_m}\sum_{i=1}^{N_{ks}}\iint_{(x,y)} P(A \geqslant a \mid m_j,(x,y)) \cdot \frac{\nu_{m_0 k} f_{ki,mj}}{As_{ki}} \cdot \frac{2\exp[-\beta_k(m_j - m_0)]}{1-\exp[-\beta_k(m_{uzk} - m_0)]} \cdot \mathrm{sh}\left(-\frac{\beta_k}{2} \cdot \Delta m\right) \mathrm{d}x\mathrm{d}y\right]$$

式中：N_{ks}—— 第k个地震统计区内潜在震源区个数；

N_m—— 震级分档数；

N_z—— 区域内地震统计区数；

$P(A \geqslant a \mid m_j,(x,y))$—— 衰减关系拟合方差导致的随机不确定性；

As_{ki}—— 第k个地震统计区内的第i个潜在震源区面积；

m_0—— 震级下限；

m_{uzk}—— 第k个地震统计区的震级上限；

$\beta_k = b_k \ln 10$；

$\nu_{m_0 k}$——m_0级以上地震年平均发生次数；

f_{ki,m_j}—— 第k个地震统计区内第i个潜在震源区、第m_j震级档的地震空间分布函数。

三、潜在震源区模型

1. 基本概念

潜在震源区模型：概率地震危险性分析中，用以表征关联于特定地震构造背景，并具有独立的地震活动统计特征的未来地震震源空间分布模型。

在经典PSHA方法中，潜在震源区模型就是单一的潜在震源区，它可能由断裂、特殊构造变形带、地震分布密集区或条带等确定，每个潜在震源区具有独立的地震活动性统计特征，不考虑其内部地震活动可能的不均匀分布。

而在 CPSHA 方法中，潜在震源区模型更加复杂，采用层次型空间分布模型。在以往地震区划图编制中，潜在震源区模型由地震统计区和潜在震源区 2 个层次构成，联合反映与特定地震构造体系或构造单元相关的未来地震震源的分布特征，及其地震活动统计特征。以地震统计区反映大型地震构造体系或构造单元呈现出的地震活动呈区带分布的空间特征及其地震活动总体统计特征；以潜在震源区表征地震构造体系内部受局部发震构造控制的地震活动不均匀性，表现为局部地震活动在活动强度、活动水平等方面的差异性，且在潜在震源区内部地震活动均匀分布。

2. 三级潜在震源区模型

本工作中，进一步将潜在震源区又区分成 2 个层次不同的潜在震源，即三级潜在震源区模型。

地震活动性研究成果表明，我国地震活动在地震带内部不同的段落和部位中小地震活动水平和强度往往还表现出分区、分段的差异，同时中强地震活动受到活动断裂的控制。为此，在地震统计区内部，根据地震构造条件和中小地震活动水平差异，划分出背景地震活动潜在震源区，又进一步在背景地震活动潜在震源区内再根据断裂构造和地震活动条带划分出构造潜在震源区，三者构成潜在震源区模型，以综合反映不同尺度区域地震活动分布及其特征。

三级潜在震源区模型由地震统计区、背景地震活动潜在震源区（简称背景源）和构造潜在震源区（简称构造源）构成。三者在空间上构成三级覆盖，地震统计区位于最底层，背景源覆于其上，构造源覆于背景源之上（如图 3.1 所示），这也反映了不同源构造背景的差异及其相互之间影响和控制的关系。

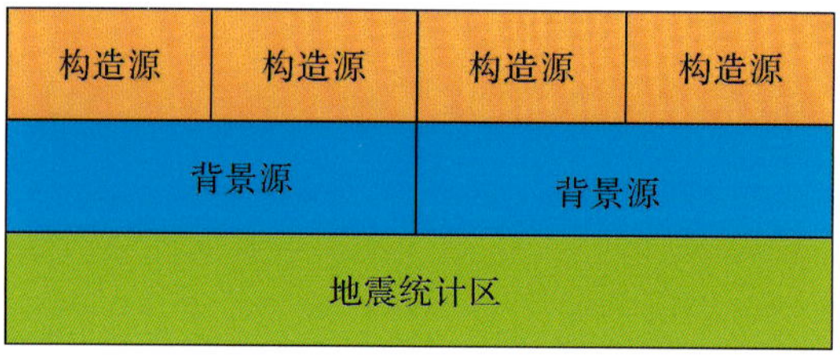

图 3.1　三类潜源的构造关系

地震统计区是根据地震分区、分带的地震活动特征确定的，它用以反映地震活动的总体统计特征；背景源的划分，重点依据了地震区带中的不同部分和段落在地震构造背景上的差异，及其对地震活动性的影响，用以反映不同地震构造环境中，中小震级地震活动特征的差异；构造源是依据局部构造条件及其地震活动特征划分，重点考虑了构造条件对中强地震的控制作用，用以反映局部构造相关的中强震级地震活动特征。地震统计区内地震活动性的不均匀性，由构造源上的中强地震活动性和背景源上中小地震活动性共同表现出来。

在模型中，背景源将重点表征构造源以外地震活动的水平。注重给予没有识别出发震构造的地区以一定的地震危险性背景，反映对发震构造认识的不确定性。对于发震构造较难识别的中等强度地震活动区，背景源的划分更加重要，目前对这类地区中强地震发震构造认识水平的不足，不应忽视其可能的地震危险性。

第二节　地震活动性参数确定

根据第五代地震动参数区划图潜在震源区三级划分方案，即地震带（地震统计区）、地震构造区和潜在震源区划分，地震统计区的地震活动性参数包括地震统计区震级上限 M_{uz}、震级下限 M_0、b 值和 ν_{m_0} 值。

本节对三级划分中的地震构造区划分和潜在震源区划分方案及活动性参数一并进行简单叙述。

一、地震区带划分及其活动性参数

本工作采用编制《中国地震动参数区划图》（GB18306—2015）所采用的地震区带划分方案，具体如下：第五代地震动参数区划图把中国及其邻区划分出 8 个地震区，分别为台湾地震区、华南地震区、华北地震区、东北地震区、青藏地震区、新疆地震区、南海地震区和东海地震区。除东北地震区、南海地震区和东海地震区未进一步划分地震带外，其余 5 个地震区中划分出 24 个地震统计区和鄂尔多斯、塔里木—阿拉善 2 个弱地震区，共计 29 个地震统计区，如图 3.2 所示。

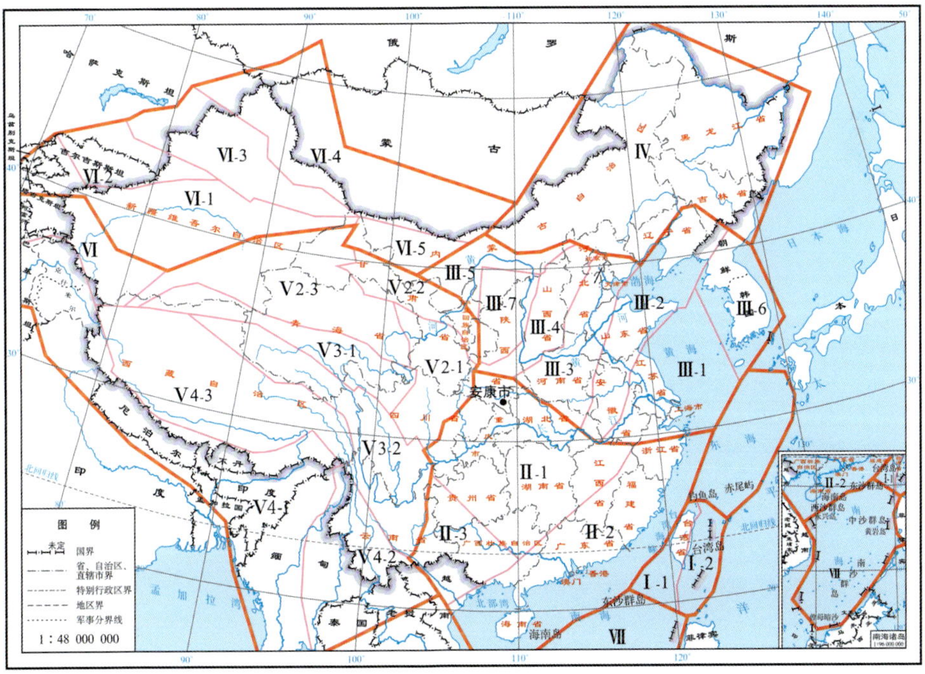

地震区边界　　地震带边界　　（注：底图使用自然资源部标准地图。　审图号：GS(2016)1608号）

图 3.2　中国及其邻区地震区、带划分图（GB18306—2015《中国地震动参数区划图》宣贯教材　4800 标准图）

安康市位于华南地震区内的长江中游地震统计区，图 3.3 给出了安康市行政边界外延不小于150km 范围内的地震统计区分布情况，共涉及 6 个地震统计区，分别为长江中游地震统计区、汾渭地震统计区、华北平原地震统计区、六盘山—祁连山地震统计区、龙门山地震统计区、鄂尔多斯地震统计区。

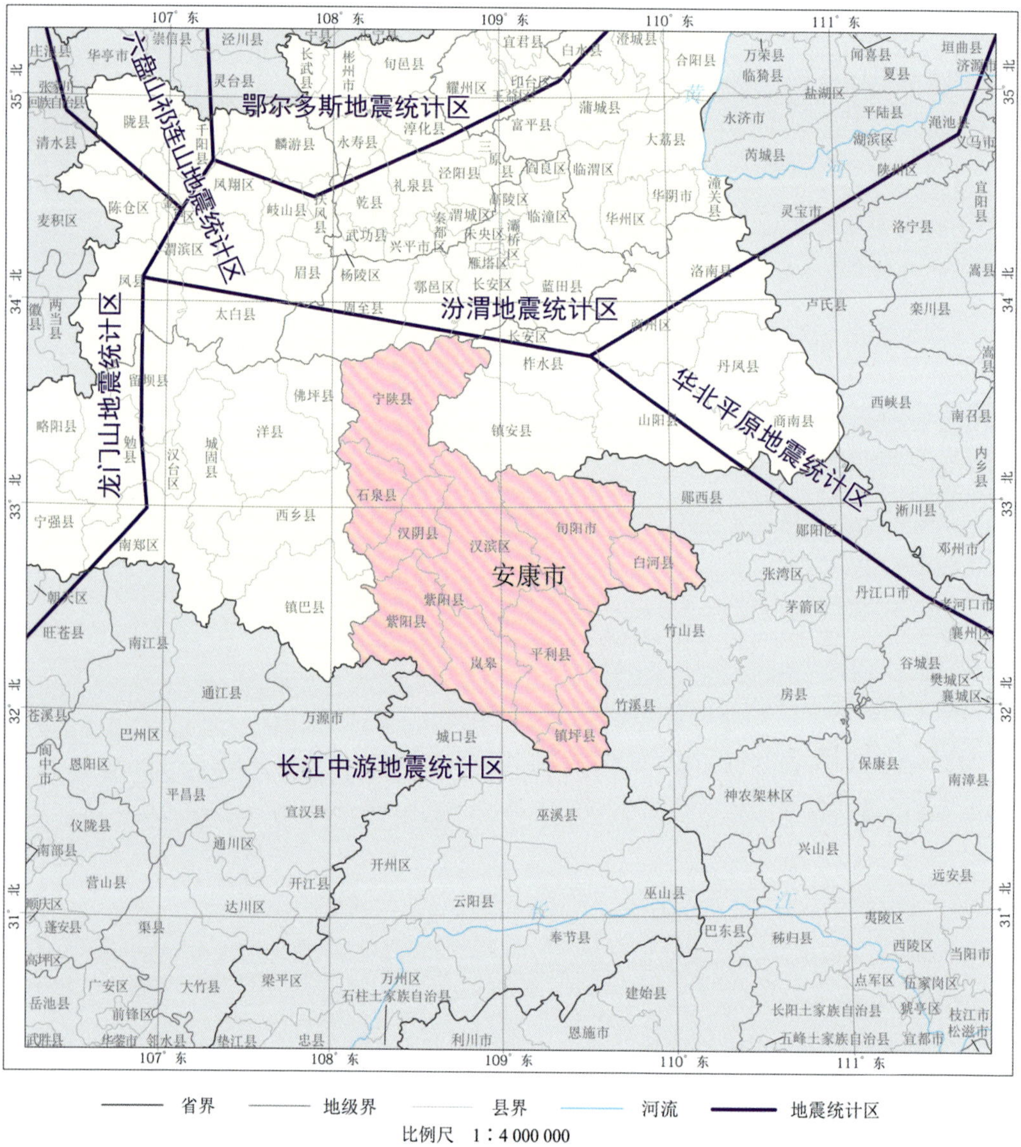

图 3.3 安康市及邻区地震统计区分布图

在统计各地震统计区地震活动性参数时，引用了五代图的统计方法(详见中国地震动参数区划图技术报告《地震活动性参数确定专题报告》，中国地震动参数区划图编制组，2011 年 6 月)。现分述如下。

1. 长江中游地震统计区

(1)实际资料：长江中游地震统计区，地震活动相对较弱，记载到的历史地震以

5 级左右地震为主，6 级以上地震非常稀少。最早历史地震记载始于公元前 143 年 6 月 7 日竹山 5 级地震。该区公元 1300 年之前的地震资料遗失较多，1300 年以来 $M\geqslant5.5$级发生地震较为平稳，1500 年以后 $M\geqslant5.0$ 级地震资料较为完整，1900 年以后 M4.7 级以上地震资料相对完整，1970 年以来 4 级以上地震记录较全。在历史阶段，地震活动较密集的时段分别始于公元 1467 年和公元 1813 年。未来活动水平应不低于长期的平均地震活动水平。表 3.1 给出了长江中游地震统计区不同时段地震发生率的统计。

表 3.1　长江中游地震统计区不同时段地震年平均发生率

时间段	M4.0 级以上地震累积年平均发生率						
	4.0	4.5	5.0	5.5	6.0	6.5	7.0
1300 年至 2022 年 6 月				0.035 2	0.002 8	0.001 4	0.000 0
1400 年至 2022 年 6 月				0.039 3	0.003 3	0.001 6	0.000 0
1500 年至 2022 年 6 月			0.117 4	0.043 1	0.003 9	0.002 0	0.000 0
1800 年至 2022 年 6 月			0.156 4	0.047 4	0.004 7	0.000 0	0.000 0
1900 年至 2022 年 6 月			0.198 2	0.036 0	0.000 0	0.000 0	
1970 年至 2022 年 6 月	3.682 9	0.902 4	0.268 3	0.048 8	0.000 0	0.000 0	

(2)震级上限 M_{uz} 和起算震级 M_0：依据与汾渭地震统计区相同的确定方法，确定长江中游地震统计区的震级上限值 $M_{uz}=7.0$。起算震级 $M_0=4.0$。

(3)ν_4 与 b 值统计计算：根据该地震统计区地震活动特征与实际资料状况，确定长江中游地震统计区地震活动性参数为 $b=1.2$，$\nu_4=3.2$。

2. 汾渭地震统计区

(1)实际资料：汾渭地震统计区为强震活动区，最大地震震级达到 $8\frac{1}{4}$级。该区最早的地震记载始于公元前 23 世纪，公元 1000 年前的地震资料缺失严重，公元 1000 年以来 $M\geqslant6$ 级地震记录较为连续，1500 年以来 M5 级以上地震资料较完整，1950 年以来 M4 级以上地震记录较全。公元 1209 年和公元 1484 年是 2 个地震活动相对密集期的开始，而 1484 年以来的地震活动水平要高于前一个活动期。未来地震活动水平不应低估活跃期地震活动水平。表 3.2 给出了汾渭地震统计区不同时段地震发生率的统计。

表 3.2　汾渭地震统计区不同时段地震年平均发生率

时间段	M4.0 级以上地震累积年平均发生率								
	4.0	4.5	5.0	5.5	6.0	6.5	7.0	7.5	8.0
1000 年至 2022 年 6 月					0.024 7	0.020 8	0.006 9	0.003 0	0.002 0
1209 年至 2022 年 6 月					0.027 4	0.022 4	0.007 5	0.003 7	0.002 5
1484 年至 2022 年 6 月			0.172 7	0.089 2	0.032 3	0.024 7	0.009 5	0.003 8	0.001 9
1500 年至 2022 年 6 月			0.168 3	0.086 1	0.029 4	0.023 5	0.009 8	0.003 9	0.002 0
1950 年至 2022 年 6 月	3.114 8	0.934 4	0.377 0	0.163 9	0.016 4				

(2)震级上限 M_{uz} 和起算震级 M_0：地震统计区的震级上限 M_{uz} 是其发生概率趋于零的震级上限值，与地震统计区上的历史最大地震震级、地震统计区的活动水平以及该统计区的最大地震重复周期有关。综合历史地震资料，本次工作确定汾渭地震统计区的震级上限值 $M_{uz}=8.5$。起算震级 M_0 是指对工程场地有破坏性影响的最小震级。由于区域范围内地震属浅源地震，一些 4 级地震也可能产生一定程度的破坏，故在本工作中 $M_0=4.0$。

(3)ν_4 与 b 值统计计算：根据该地震统计区地震活动特征与实际资料状况，确定汾渭地震统计区地震活动性参数为 $b=0.78$，$\nu_4=2.5$。

3. 华北平原地震统计区

(1)实际资料：华北平原地震统计区为强震活动区，最大地震震级达到 8 级。该区最早地震记载始于公元前 1767 年河南偃师 6 级地震。公元 1484 年之前，地震资料缺失较多，1484 年 M5 级地震记录基本完整，1950 年以来 4 级以上地震记录较全。公元 1485 年和公元 1791 年是 2 个地震活动相对密集期的开始，未来地震活动水平不应低估长期的平均地震活动水平。表 3.3 给出了华北平原地震统计区不同时段地震发生率的统计。

表 3.3 华北平原地震统计区不同时段地震年平均发生率

时间段	M4.0 级以上地震累积年平均发生率								
	4.0	4.5	5.0	5.5	6.0	6.5	7.0	7.5	8.0
1484 年至 2022 年 6 月			0.260 0	0.127 1	0.053 1	0.026 6	0.011 4	0.005 7	0.001 9
1500 年至 2022 年 6 月			0.264 2	0.131 1	0.054 8	0.027 4	0.011 7	0.005 9	0.002 0
1791 年至 2022 年 6 月			0.422 7	0.172 7	0.081 8	0.040 9	0.022 7	0.009 1	0.000 0
1950 年至 2022 年 6 月	4.966 1	1.779 7	0.694 9	0.186 4	0.118 6	0.050 8			

(2)震级上限 M_{uz} 和起算震级 M_0：依据与汾渭地震统计区相同的确定方法，确定华北平原地震统计区的震级上限值 $M_{uz}=8.0$。起算震级 $M_0=4.0$。

(3)ν_4 与 b 值统计计算：根据该地震统计区地震活动特征与实际资料状况，确定华北平原地震统计区地震活动性参数为 $b=0.86$，$\nu_4=4.6$。

4. 六盘山—祁连山地震统计区

(1)实际资料：六盘山—祁连山地震统计区地震活动强烈，发生过 2 次 8 级地震和多次 7 级左右地震，最大地震为 1920 年海原 $8\frac{1}{2}$级特大地震。该区最早地震记载始于公元 180 年，该区 1450 年以前的地震资料严重缺失，1450 年以来 M6 级以上地震发生较为平稳，1450—1900 年，M6 级以下地震资料依然缺失较多，1900 年以后，M5 级以上地震明显增多，资料基本完整，1970 年以后 M4 级以上地震记录基本完整。公元 1548 年和公元 1888 年是 2 个地震活动相对密集期的开始，未来地震活动水平不应低估长期平均的地震活动水平。表 3.4 给出了六盘山—祁连山地震统计区不同时段地震发生率的统计。

表 3.4 六盘山—祁连山地震统计区不同时段地震年平均发生率

时间段	M4.0 级以上地震累积年平均发生率								
	4.0	4.5	5.0	5.5	6.0	6.5	7.0	7.5	8.0
1450 年至 2022 年 6 月					0.044 6	0.025 0	0.017 8	0.007 1	0.003 6
1500 年至 2022 年 6 月					0.047 0	0.025 4	0.019 6	0.007 8	0.003 9
1548 年至 2022 年 6 月					0.051 8	0.028 1	0.021 6	0.008 6	0.004 3
1888 年至 2022 年 6 月					0.130 1	0.065 0	0.048 8	0.024 4	0.016 3
1900 年至 2022 年 6 月			0.639 6	0.270 3	0.135 1	0.072 1	0.054 1	0.027 0	0.018 0
1970 年至 2022 年 6 月	7.463 4	1.902 4	0.658 5	0.195 1	0.073 2	0.024 4			

(2)震级上限 M_{uz} 和起算震级 M_0:依据与汾渭地震统计区相同的确定方法,确定六盘山—祁连山地震统计区的震级上限值 $M_{uz}=8.5$,起算震级 $M_0=4.0$。

(3)ν_4 与 b 值统计计算:根据该地震统计区地震活动特征与实际资料状况,确定六盘山—祁连山地震统计区地震活动性参数为 $b=0.75$,$\nu_4=6.4$。

5. 龙门山地震统计区

(1)实际资料:龙门山地震统计区属于强烈地震活动区,7 级以上地震频发,发生过 3 次 8 级地震,包括 2008 年汶川 8 级特大地震。该区最早地震记载始于公元前 193 年,但该地震统计区 1400 年以前的地震资料严重缺失,1400 年以来 $M5$ 级以上地震记录才基本完整,1970 年以后 $M4$ 级以上地震记录较全。公元 1573 和公元 1879 年是 2 个地震活动相对密集期的开始,未来地震活动水平不应低估平均地震活动水平。表 3.5 给出了龙门山地震统计区不同时段地震发生率的统计。

表 3.5 龙门山地震统计区不同时段地震年平均发生率

时间段	M4.0 级以上地震累积年平均发生率								
	4.0	4.5	5.0	5.5	6.0	6.5	7.0	7.5	8.0
1400 年至 2022 年 6 月			0.201 6	0.129 5	0.049 2	0.032 7	0.013 1	0.008 2	0.004 9
1500 年至 2022 年 6 月			0.231 4	0.147 1	0.056 9	0.039 1	0.015 7	0.009 8	0.005 9
1573 年至 2022 年 6 月			0.265 4	0.169 3	0.066 4	0.045 7	0.018 3	0.011 4	0.006 8
1879 年至 2022 年 6 月			0.618 3	0.328 2	0.129 8	0.090 9	0.037 9	0.022 7	0.015 2
1900 年至 2022 年 6 月			0.663 6	0.336 4	0.127 3	0.090 1	0.036 0	0.018 0	0.009 0
1970 年至 2022 年 6 月	9.425 0	2.650 0	0.750 0	0.325 0	0.150 0	0.170 7			

(2)震级上限 M_{uz} 和起算震级 M_0:依据与汾渭地震统计区相同的确定方法,确定龙门山地震统计区的震级上限值 $M_{uz}=8.0$。起算震级 $M_0=4.0$。

(3)ν_4 与 b 值统计计算:根据该地震统计区地震活动特征与实际资料状况,确定龙门山地震统计区地震活动性参数为 $b=0.71$,$\nu_4=5.2$。

6. 鄂尔多斯地震统计区

鄂尔多斯地震统计区地震活动微弱,仅有 14 次 5 级以上地震记载,最大地震为 $5\frac{1}{2}$级,但该区历史上大致在 1540—1685 年、1880—1925 年间 5 级地震较为活跃,分别发生过 10 次和 5 次地震，年平均发生率达分别到 0.069 和 0.11，1900 年以来 $M \geqslant 5$ 级地震的年平均发生率达到 0.027。将该区与地震活动较弱的长江中游地震统计区进行类比，取 $b=1.20$，以上述 $M \geqslant 5$ 级地震年平均发生率推算 ν_4 并取均值，$\nu_4=1.0$。确定鄂尔多斯地震统计区的震级上限值 $M_{uz}=6.5$，起算震级 $M_0=4.0$。

二、潜在震源区划分方案及其空间分布函数

（一）潜在震源区划分

按照潜在震源三级划分的技术要求，在地震统计区的基础上，要进一步划分出不同背景地震活动特征的地震构造区（背景源），本书直接采用中国地震动参数区划图（GB18306－2015）的相关结果，考虑到潜源对场地危险性计算结果的影响，本次研究根据潜源影响给出安康市行政边界外延不小于 150km 范围内的潜源分布方案。共涉及潜源 35 个，其中长江中游地区统计区 19 个，华北平原地区统计区 8 个，龙门山地区统计区 8 个，六盘山—祁连山地区统计区 3 个，汾渭地震统计区 16 个，潜源分布图见图 3.4，潜源名称等见表 3.6。

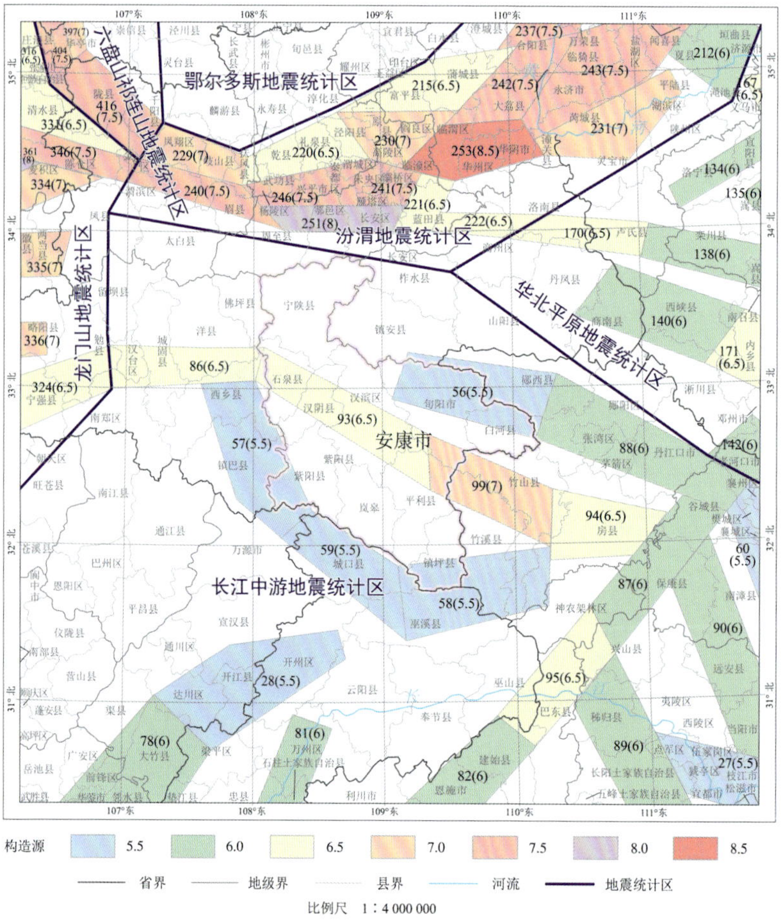

图 3.4 安康市潜源分布图

表 3.6 构造潜在震源区(简称构造源)及震级上限

地震统计区	潜源编号	构造源名称	震级上限 M_u	地震统计区	潜源编号	构造源名称	震级上限 M_u
长江中游	27	枝城	5.5	汾渭	212	垣曲	6.0
	28	开江	5.5		215	蒲城	6.5
	56	旬阳—白河	5.5		220	乾县—礼泉	6.5
	57	镇巴	5.5		221	蓝田	6.5
	58	巫溪	5.5		222	洛南	6.5
	59	城口	5.5		229	岐山—凤翔	7.0
	60	南漳	5.5		230	三原—高陵	7.0
	78	华蓥—邻水	6.0		231	三门峡	7.0
	81	忠县—万县	6.0		237	韩城	7.5
	82	恩施	6.0		240	宝鸡	7.5
	86	汉中	6.5		241	西安—临潼	7.5
	87	宝康	6.0		242	大荔	7.5
	88	十堰	6.0		243	运城	7.5
	89	姊归	6.0		246	咸阳	7.5
	90	当阳—远安	6.0		251	户县	8.0
	93	石泉—安康—汉阴	6.5		253	渭南—华县	8.5
	94	房县	6.5	龙门山	316	西吉—庄浪	6.5
	95	老巴东	6.5		324	宁强—勉县	6.5
	99	平利—竹溪	7.0		331	清水	6.5
华北	134	洛宁	6.0		334	西和	7.0
	135	嵩县	6.0		335	成县—凤县	7.0
	138	栾川	6.0		336	康县—略阳	7.0
	140	商南	6.0		346	天水	7.5
	142	丹江口	6.0		361	礼县	8.0
	167	洛阳	6.5	六盘山—祁连山	397	固原	7.0
	170	卢氏	6.5		404	泾源	7.5
	171	内乡	6.5		416	千阳—陇县	7.5

(二)潜在震源区的地震活动性参数

潜在震源区地震活动性参数包括震级上限 M_u、空间分布函数 f_{i,M_j}、地震破裂方向概率分布函数。

1. 震级上限 M_u

潜在震源区的震级上限 M_u 以历史地震和构造类比为主要依据进行确定，本区域主要潜在震源区的震级上限见表 3.6。

2. 空间分布函数 f_{i,M_j}

为了不低估高震级地震对场地危险性的影响和充分反映地震活动的时空不均匀性，用按震级档的空间分布函数来表征各潜在震源区的特征。即地震统计区内第 i 个潜在震源区 M_j 震级档的地震年平均发生率（ν_{i,M_j}）可以表示为：

$$\nu_{i,M_j}=\begin{cases}\dfrac{2\nu e^{-\beta(M_j-M_0)}\operatorname{sh}(\frac{1}{2}\beta\Delta M)}{1-e^{-\beta(M_u-M_0)}}f_{i,M_j} & (M_0<M_j<M_{uj})\\ 0 & (M_{uj}<M_j<M_u)\end{cases}$$

式中：ν 为地震统计区内 $M\geqslant 4$ 级地震的年平均发生率；M_u 为地震统计区的震级上限；ΔM 为震级分档间隔；M_j 为分档间隔中心对应的震级值；$\beta=b\times\ln 10$；$\operatorname{sh}(\frac{1}{2}\beta\Delta M)$ 为正弦双曲线函数；f_{i,M_j} 为空间分布函数。

3. 等震线长轴取向分布函数（方向性函数）

根据区域地震破坏分布特点，等震线常呈椭圆形，等震线长轴取向对地震危险性起着一定的作用。等震线长轴取向用分布函数 $f(\theta)$ 表示，其概率分布大致分为 4 种类型。

$$f(\theta)=P_1\delta(\theta_1)+P_2\delta(\theta_2)$$

式中：P_1、P_2 为取向概率；θ_1、θ_2 为构造走向与正东方向的夹角。

（1）只有单一走向断层的震源区，$f(\theta)=f(\theta_1)$，其中 θ_1 为断层走向。

（2）有共轭断层的震源区，$f(\theta)=0.5\delta(\theta_1)+0.5\delta(\theta_2)$，其中 θ_1 和 θ_2 分别为共轭断层的两个方向。

（3）对于以一个走向断层为主，另一个走向断层为辅的震源区，$f(\theta)=0.7\delta(\theta_1)+0.3\delta(\theta_2)$，其中 θ_1 和 θ_2 分别为主干断裂与分支断裂的走向。

（4）对于断层走向不清的震源区，包括本底地震，则等震线长轴方向在 0°～180° 范围内均匀分布。

4. 主要潜在震源区的地震活动性参数

根据上述原则和方法，本次工作最终确定了区域及邻近地区潜在震源区划分方案中各潜在震源区的地震活动性参数。表 3.7 列出了主要潜在震源区的地震活动性参数。

表 3.7　区域范围所涉及的主要构造源震级上限、空间分布函数和方向性函数

潜源编号	潜源名称	震级中心档所对应的空间分布函数							震级上限	方向性函数			
		4.0～4.9	4.9～5.4	5.5～5.9	6.0～6.4	6.5～6.9	7.0～7.4	≥7.50		θ_1/(°)	P_1	θ_2/(°)	P_2
27	枝城	0.005 04	0.006 12						5.5	150	1.0	0	0.0
28	开江	0.004 20	0.015 07						5.5	30	1.0	0	0.0
56	旬阳—白河	0.003 96	0.022 35						5.5	160	1.0	0	0.0
57	镇巴	0.002 47	0.026 47						5.5	110	1.0	0	0.0
58	巫溪	0.006 63	0.007 99						5.5	10	1.0	0	0.0
59	城口	0.005 65	0.006 83						5.5	150	1.0	0	0.0
60	南漳	0.008 57	0.010 37						5.5	120	1.0	0	0.0
78	华蓥—邻水	0.007 47	0.014 43	0.048 86					6.0	50	1.0	0	0.0
81	忠县—万县	0.006 47	0.007 79	0.023 66					6.0	70	1.0	0	0.0
82	恩施	0.004 68	0.016 74	0.023 18					6.0	50	1.0	0	0.0
86	汉中	0.003 10	0.019 84	0.026 30	0.122 5				6.5	0	1.0	0	0.0
87	宝康	0.007 34	0.008 89	0.025 09					6.0	50	1.0	0	0.0
88	十堰	0.007 08	0.010 43	0.032 99					6.0	155	1.0	0	0.0
89	姊归	0.007 06	0.009 27	0.032 62					6.0	115	1.0	0	0.0
90	当阳—远安	0.006 58	0.009 21	0.032 06					6.0	110	1.0	0	0.0
93	石泉—安康—汉阴	0.005 88	0.008 63	0.017 13	0.092 29				6.5	155	1.0	0	0.0
94	房县	0.005 83	0.008 57	0.019 56	0.105 34				6.5	0	1.0	0	0.0
95	老巴东	0.002 40	0.025 50	0.013 91	0.074 91				6.5	50	1.0	0	0.0
99	平利—竹溪	0.006 09	0.008 50	0.013 29	0.158 42	0.551 25			7.0	155	1.0	0	0.0
134	洛宁	0.004 01	0.005 83	0.010 31					6.0	45	1.0	0	0.0
135	嵩县	0.002 55	0.003 73	0.006 25					6.0	45	1.0	0	0.0
138	栾川	0.008 81	0.012 85	0.025 65					6.0	150	1.0	0	0.0
140	商南	0.008 60	0.004 37	0.024 65					6.0	145	1.0	0	0.0
142	丹江口	0.004 65	0.006 79	0.014 09					6.0	135	1.0	0	0.0
167	洛阳	0.005 79	0.005 80	0.009 66	0.020 46				6.5	10	1.0	0	0.0
170	卢氏	0.004 47	0.006 54	0.007 15	0.014 26				6.5	160	1.0	0	0.0
171	内乡	0.005 95	0.003 28	0.008 88	0.018 90				6.5	140	1.0	0	0.0
212	垣曲	0.011 33	0.012 33	0.025 12					6.0	50	0.7	140	0.3
215	蒲城	0.009 03	0.014 32	0.016 72	0.020 57				6.5	30	1.0	0	0.0
220	乾县—礼泉	0.014 60	0.009 19	0.017 40	0.021 43				6.5	40	1.0	0	0.0

表 3.7(续)

潜源编号	潜源名称	震级中心档所对应的空间分布函数							震级上限	方向性函数			
		4.0～4.9	4.9～5.4	5.5～5.9	6.0～6.4	6.5～6.9	7.0～7.4	≥7.50		θ_1/(°)	P_1	θ_2/(°)	P_2
221	蓝田	0.008 91	0.021 86	0.014 29	0.017 57				6.5	60	0.7	150	0.3
222	洛南	0.007 68	0.012 20	0.009 79	0.012 01				6.5	0	1.0	0	0.0
229	岐山—凤翔	0.011 20	0.007 03	0.015 65	0.019 26	0.029 11			7.0	130	1.0	0	0.0
230	三原—高陵	0.014 53	0.009 12	0.017 29	0.021 27	0.029 44			7.0	0	1.0	0	0.0
231	三门峡	0.011 46	0.021 35	0.019 88	0.024 45	0.042 03			7.0	0	0.7	50	0.3
237	韩城	0.006 75	0.031 93	0.018 46	0.022 69	0.019 57	0.049 44		7.5	70	1.0	0	0.0
240	宝鸡	0.009 13	0.014 49	0.016 42	0.020 21	0.021 00	0.053 00		7.5	170	1.0	0	0.0
241	西安—临潼	0.010 90	0.017 30	0.023 55	0.012 45	0.016 16	0.040 84		7.5	60	1.0	0	0.0
242	大荔	0.017 38	0.009 66	0.019 49	0.023 95	0.029 52	0.024 74		7.5	60	0.7	25	0.3
243	运城	0.017 73	0.014 63	0.041 91	0.028 59	0.035 16	0.088 81		7.5	25	0.7	60	0.3
246	咸阳	0.010 88	0.019 76	0.011 88	0.032 64	0.038 82	0.035 87		7.5	15	1.0	0	0.0
251	户县	0.016 81	0.009 32	0.017 15	0.021 09	0.014 21	0.035 87	0.209 70	8.0	0	1.0	0	0.0
253	渭南—华县	0.007 12	0.033 72	0.025 55	0.017 42	0.022 27	0.056 23	0.197 03	8.5	0	1.0	0	0.0
316	西吉—庄浪	0.012 62	0.007 83	0.011 26	0.008 16				6.5	115	1.0	0	0.0
324	宁强—勉县	0.003 84	0.006 31	0.001 62	0.002 18				6.5	30	1.0	0	0.0
331	清水	0.004 46	0.022 00	0.007 70	0.010 46				6.5	145	1.0	0	0.0
334	西和	0.013 79	0.008 56	0.012 91	0.009 36	0.045 58			7.0	35	1.0	0	0.0
335	成县—凤县	0.011 52	0.012 92	0.010 07	0.013 70	0.046 31			7.0	20	1.0	0	0.0
336	康县—略阳	0.010 43	0.006 58	0.007 81	0.010 62	0.034 06			7.0	5	1.0	0	0.0
346	天水	0.008 59	0.014 17	0.013 24	0.009 58	0.010 19	0.099 03		7.5	150	1.0	0	0.0
361	礼县	0.013 70	0.008 56	0.012 99	0.009 41	0.021 83	0.081 48	0.412 61	8.0	30	1.0	0	0.0
397	固原	0.010 37	0.008 57	0.006 98	0.017 47	0.030 18			7.0	100	1.0	0	0.0
404	泾源	0.011 14	0.009 26	0.004 98	0.029 75	0.016 68	0.036 17		7.5	100	1.0	0	0.0
416	千阳—陇县	0.011 74	0.009 69	0.008 28	0.020 72	0.017 22	0.037 37		7.5	135	1.0	0	0.0

注：M_u 为各潜在震源区的上限；θ_1、θ_2 为破裂长轴取向角度，P_1、P_2 为相应取向概率。

第三节　地震动衰减关系确定

地震动衰减关系是计算工程场地地震动参数的重要因素，对于不同地区由于介质不同而衰减规律可能差别较大。本次工作依据第一次全国自然灾害综合风险普查技术规范 FXPC/DZ P—01《地震危险性图编制规范》(中国地震局 2021 年 3 月)的要求，确定地震动衰减关系，具体引用的内容如下所述：

一、地震动衰减关系分区

全国地震动衰减关系分区是以地震区带为基本单元，综合考虑地震烈度衰减的分区特征、地震活动水平的区域性特征确定的，分为青藏区、新疆区、东部强震区和中强地震区（如图 3.5 所示）。

（1）青藏区：青藏地震区（西昆仑—帕米尔地震带、龙门山地震带、六盘山—祁连山地震带、柴达木—阿尔金地震带、巴颜喀拉山地震带、鲜水河—滇东地震带、喜马拉雅地震带、滇西南地震带、藏中地震带）。

（2）新疆区：新疆地震区除塔里木—阿拉善地震带的其他区域（阿尔泰山地震带、北天山地震带、中天山地震带、南天山地震带）。

（3）东部强震区：华北地震区（银川—河套地震带、汾渭地震带、华北平原地震带、郯庐地震带、长江下游—南黄海地震带）、华南沿海地震带。

（4）中强地震区：东北地震区、长江中游地震带、右江地震带、鄂尔多斯地震带、塔里木—阿拉善地震带。

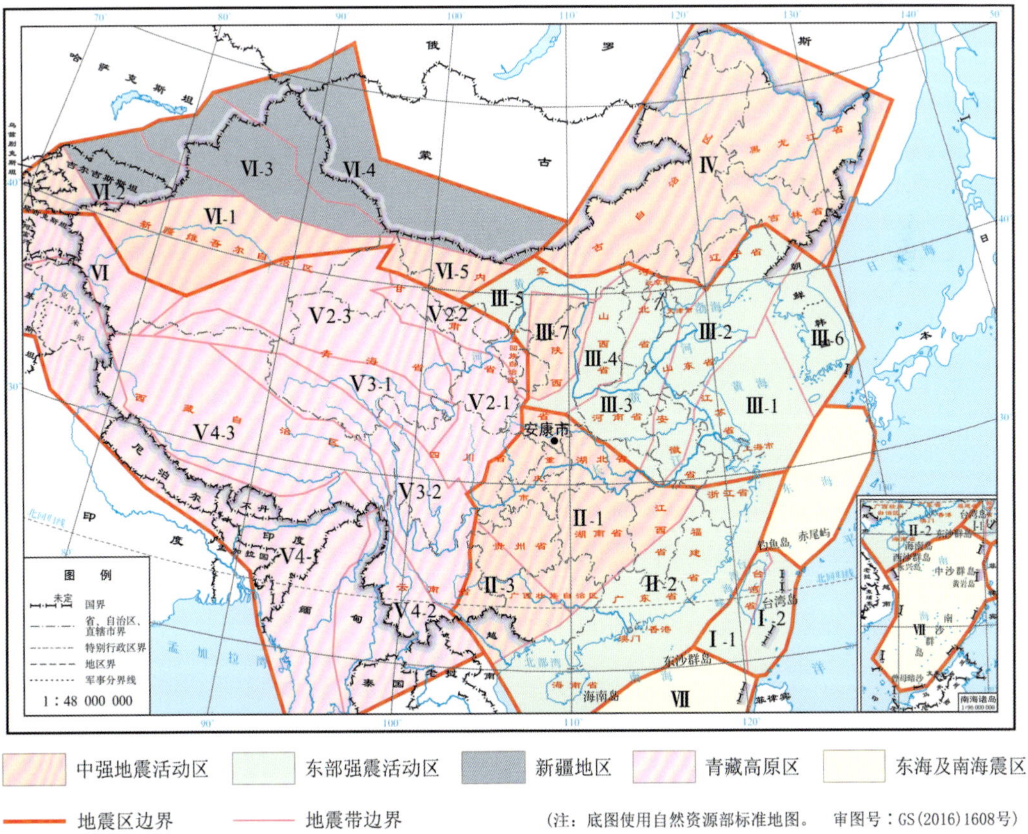

图 3.5　全国衰减关系分区图（4800 标准图）

从图 3.5 可以看出，安康市位于中强地震区长江中游地震带，即安康市位于衰减关系分区图中强地震区内，因此本次计算选取中强地震区衰减关系。

二、基岩地震动衰减关系模型

地震动衰减关系与地震震源特性和地震波传播途径中的介质有关，关系式中的震级 M 和距离 R 就分别是震源特性与震波传播途径中介质影响的简单表示。在我国中等强度以上地震，特别是 7 级以上大地震的等震线大多呈近似椭圆形，所以地震动衰减关系常采用考虑长、短轴的椭圆衰减模型。模型公式如下所示：

当 $M<6.5$ 时，

$$\lg Y(M,R)=A_1+B_1M-C\lg(R+D\exp(E\times M))$$

当 $M\geqslant 6.5$ 时，

$$\lg Y(M,R)=A_2+B_2M-C\lg(R+D\exp(E\times M))$$

式中：Y 为峰值加速度或反应谱值，单位为 gal；M 为面波震级；R 为震中距，单位为 km；A_1、A_2、B_1、B_2、C、D、E 为模型参数。

根据第一次全国自然灾害综合风险普查地震危险性图编制任务调整要求，本次工作只给出安康市基岩地震动(PGA)衰减关系的长轴和短轴模型系数，具体见表 3.8。

表 3.8　安康市基岩地震动衰减关系模型系数

周期/s	方向	A_1	B_1	A_2	B_2	C	D	E	σ
PGA	长轴	2.452	0.499	3.808	0.290	2.092	2.802	0.295	0.245
	短轴	1.738	0.475	2.807	0.310	1.734	1.295	0.331	0.245

注：σ为标准差，使用范围 $M=5.0\sim7.0$、$R=0\sim200$km。

第四节　概率地震危险性计算

一、技术要素

依据第一次全国自然灾害综合风险普查技术规范 FXPC/DZ P—01《地震危险性图编制规范》(中国地震局 2021 年 3 月)的要求，按照 1∶250 000 比例尺确定计算控制点，严格按照《关于印发地震灾害风险普查标准格网数据制作说明的函》(震防御函〔2021〕124 号)制作安康市经纬度 6″标准格网(200m 间隔)，得到 815 278 个格网点作为计算控制点，确保基于国普办统一的标准格网数据要求制作，标准格网数据坐标系为

CGS2000;标准格网数据制作工具采用 ArcGIS desktop 10.2。

概率水平选取 50 年超越概率 63%、50 年超越概率 10%、50 年超越概率 2% 和 100 年超越概率 1% 共 4 个概率水平。

二、地震动参数结果

通过中国地震灾害防御中心提供的 SEC 软件进行地震危险性概率计算,计算得到了 4 种概率水平下的峰值加速度。安康市 50 年超越概率 63%、50 年超越概率 10%、50 年超越概率 2% 和 100 年超越概率 1% 的基岩水平地震动加速度峰值范围分别为 14.29～27.44gal、42.82～119.54gal、72.18～283.92gal 和 101.22～444.50gal。编制基岩地震动 PGA 区划图,见图 3.6 至图 3.9。

图 3.6 安康市基岩地震动 PGA 图(50 年超越概率 63%)

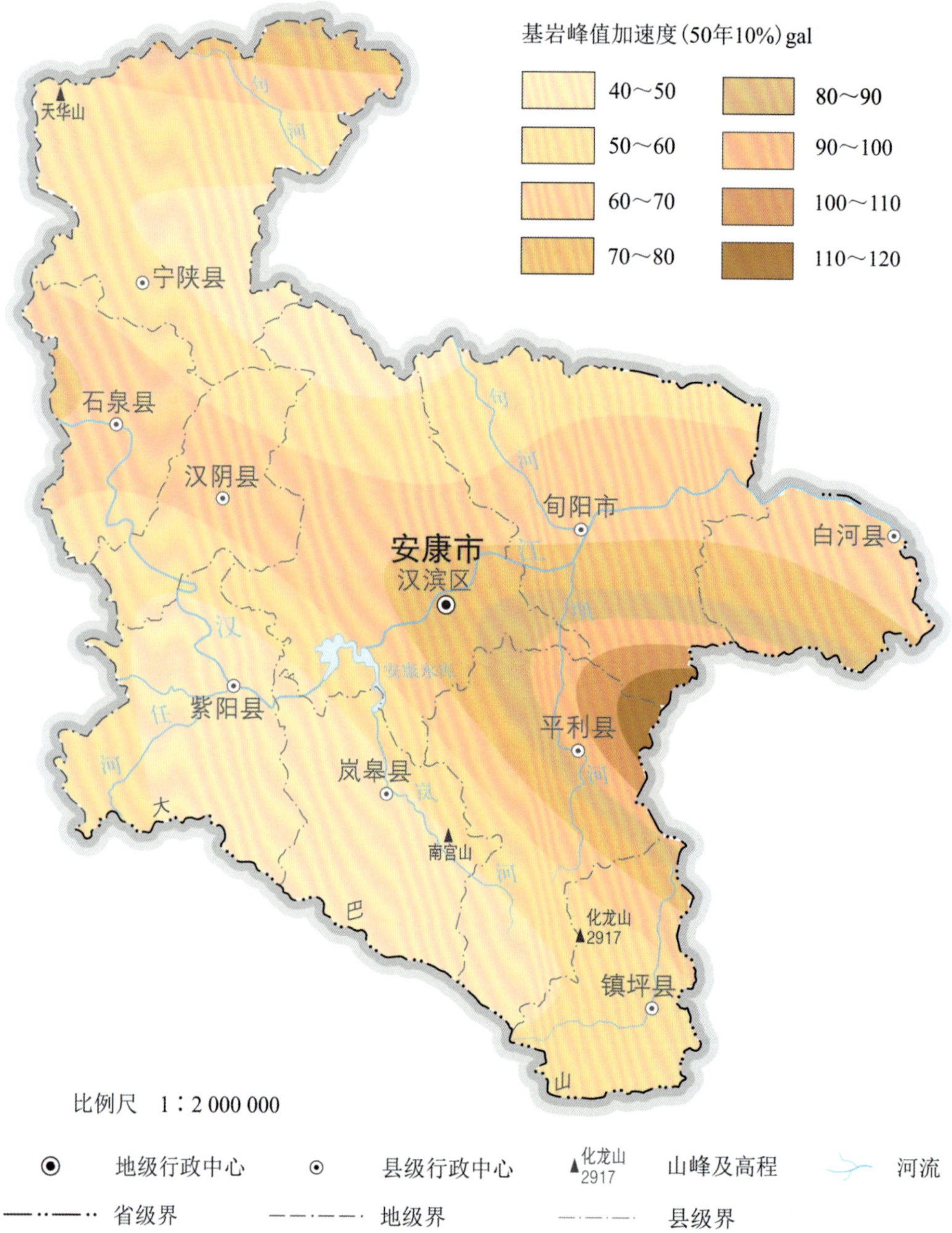

图 3.7 安康市基岩地震动 PGA 图(50 年超越概率 10%)

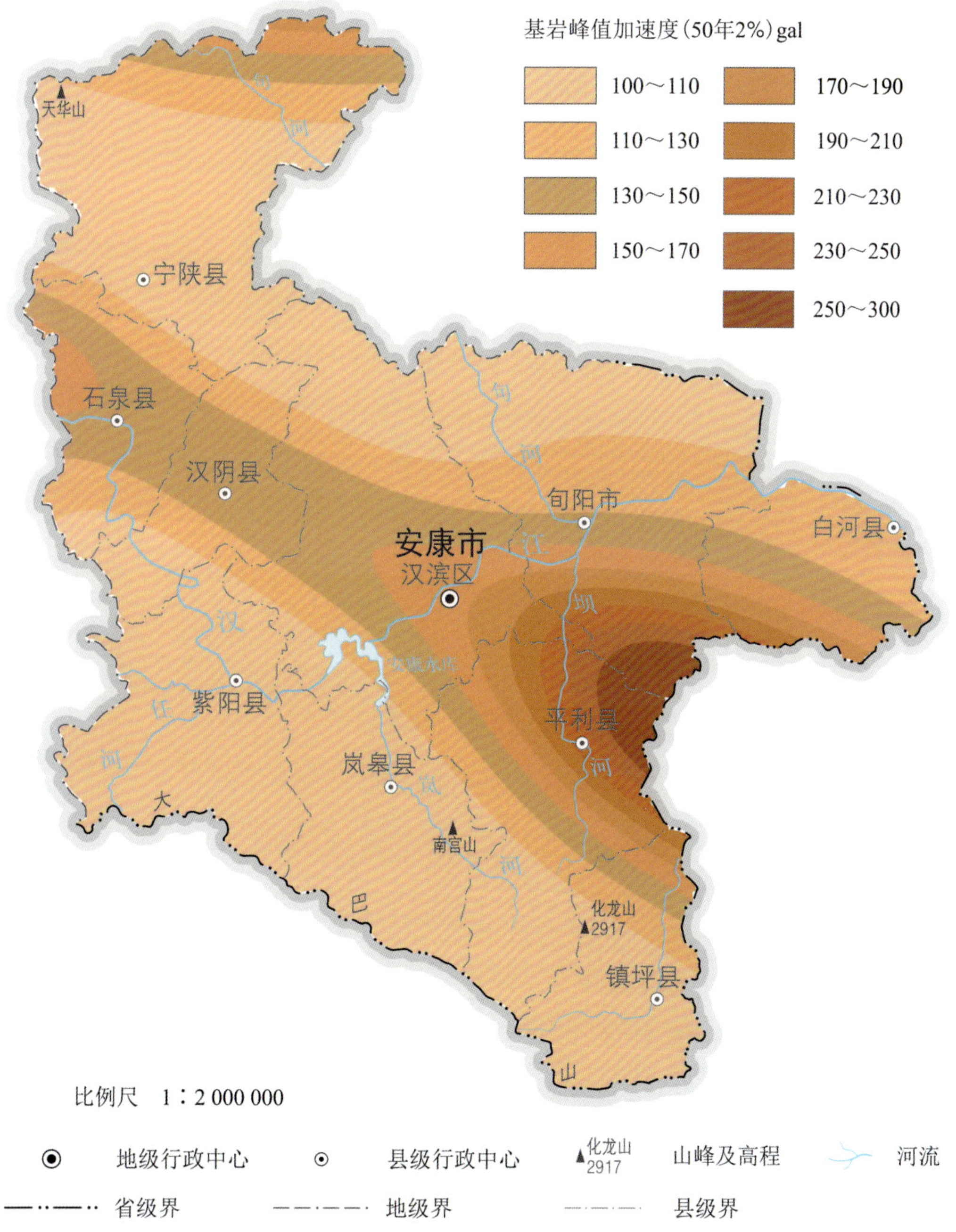

图 3.8 安康市基岩地震动 PGA 图(50 年超越概率 2%)

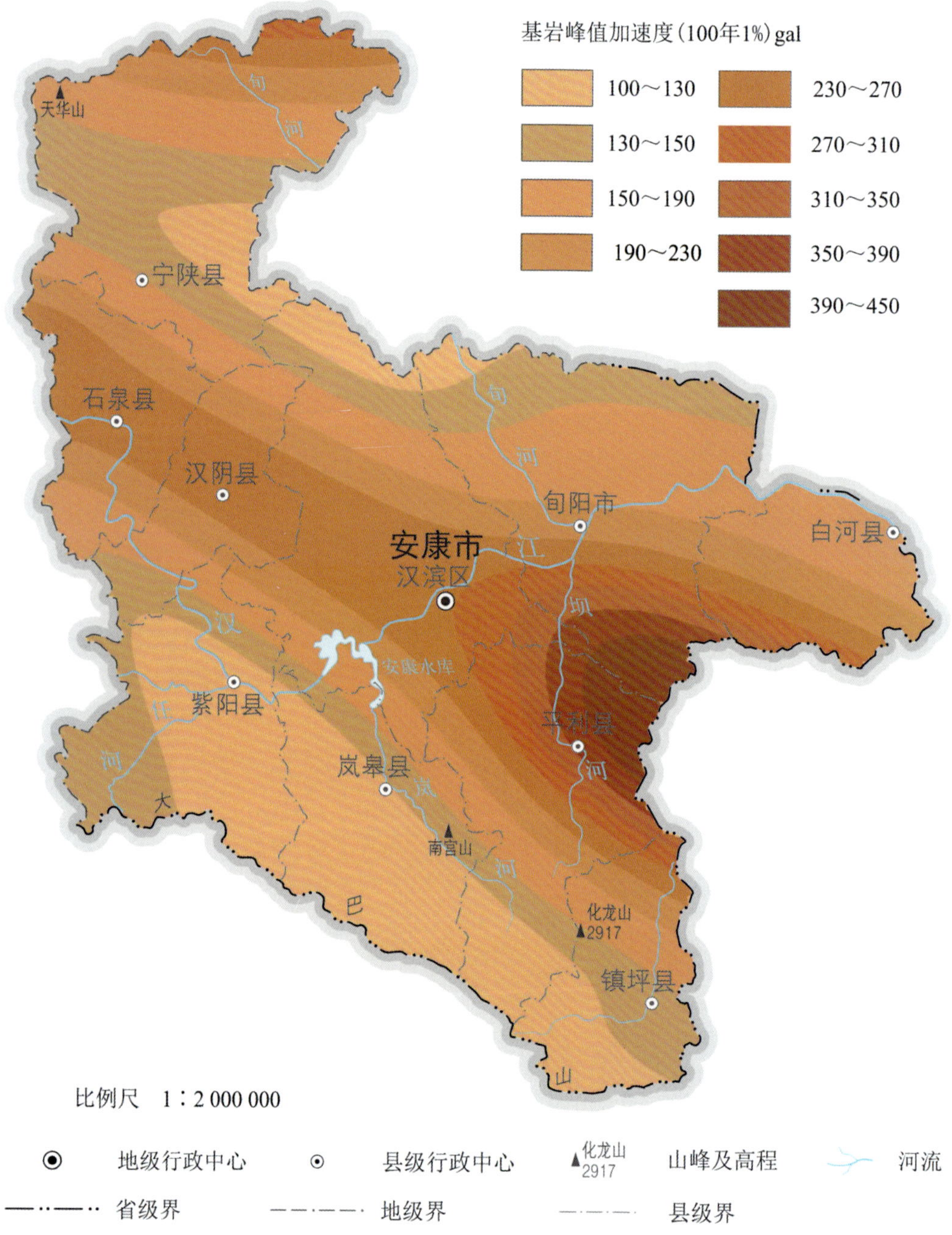

图 3.9 安康市基岩地震动 PGA 图(100 年超越概率 1%)

第五节　地震动参数场地调整

一、控制点场地类别

根据全国地震灾害风险普查项目提供的宏观场地类别数据库确定控制点场地类别分布图(安康市宏观场地类别如图 3.10 所示),共涉及 4 类场地,分别是I_0类场地、I_1类场地、Ⅱ类场地、Ⅲ类场地,进行场地地震动峰值加速度调整,进而得到场地不同超越概率的峰值加速度。

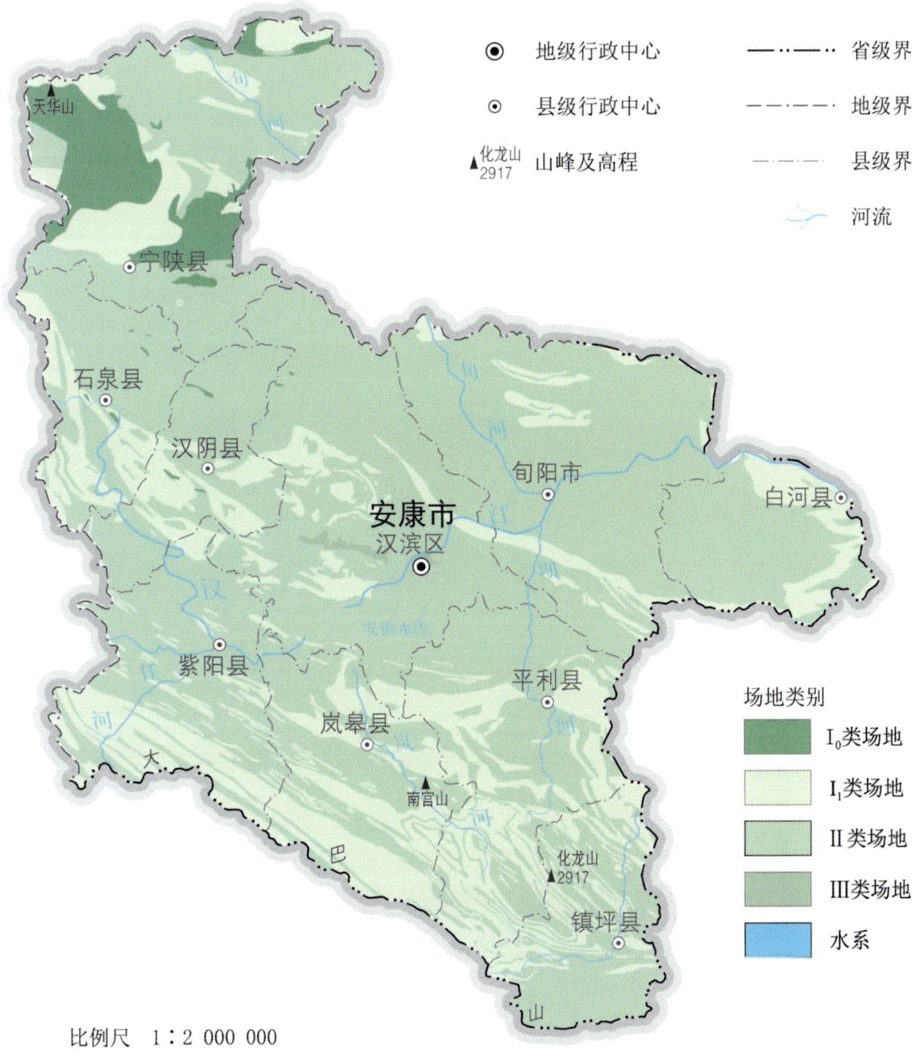

图 3.10　安康市场地类别图

二、地震动场地调整方案

地震危险性概率计算得到的基岩峰值加速度对应为I_1类场地峰值加速度。根据《中国地震动参数区划图》(GB18306－2015)场地调整方案进行场地地震动峰值加速度调整。

根据基岩(I_1类场地)地震动峰值加速度值,按下式确定场地峰值加速度值。

$$a_x = a_{I_1} F_a$$

式中:a_x、a_{I_1}分别为控制点场地和I_1类场地地震动峰值加速度,单位为 gal;F_a为场地地震动峰值加速度调整系数(见表 3.9),具体取值按表中所给值采取分段线性差值方法确定。

表 3.9　场地地震动峰值加速度调整系数 F_a

I_1类场地地震动峰值加速度	场地类别				
	I_0	I_1	Ⅱ	Ⅲ	Ⅳ
≤40gal	0.90	1.00	1.25	1.63	1.56
80gal	0.90	1.00	1.22	1.52	1.46
125gal	0.90	1.00	1.20	1.39	1.33
170gal	0.89	1.00	1.18	1.18	1.18
285gal	0.89	1.00	1.05	1.05	1.00
≥400gal	0.90	1.00	1.00	1.00	0.90

按照调整方案进行场地地震动峰值加速度调整后,得到地面水平地震动加速度峰值。安康市 50 年超越概率 63%、50 年超越概率 10%、50 年超越概率 2%和 100 年超越概率 1%的地面水平地震动加速度峰值范围分别为 14.30～31.70gal、42.25～143.73gal、72.22～298.46gal 和 101.24～444.50gal。

第六节　地震危险性区划

地震危险性分区结果以地震危险性分级和地震动等值线的形式给出,依据第一次全国自然灾害综合风险普查技术规范 FXPC/D2 P－01《地震危险性编制规范》(中国地震局,2021 年 3 月)第 5.6.2 条,对地震危险性分级。

根据 100 年超越概率 1%的场地地震动峰值加速度(a_x),将场地地震危险性分为四级,分级标准为:4 级(a_x< 190gal,低等级);3 级(190gal≤a_x< 380gal,中低等级);2 级(380gal ≤a_x≤760gal,中高等级);1 级(a_x≥760gal,高等级)。地震动等值线分区,相邻等值线差异为 10%且为 10gal 的整数倍。

根据第五节计算结果按照以上分区标准编制安康市 50 年超越概率 63%、50 年超越概率 10%、50 年超越概率 2%和 100 年超越概率 1%四个概率场地地震动 PGA 图，其中 50 年超越概率 63%场地地震动按照 5gal 间隔分为 5 个区，15～25gal 占绝大部分；50 年超越概率 10%场地地震动按照 10gal 间隔分为 11 个区，40～60gal 占绝大部分；50 年超越概率 2%场地地震动按照 30gal 间隔分为 8 个区，70～100gal 占绝大部分；100 年超越概率 1%场地地震动按照 30gal 间隔分为 9 个区，100～140gal 占绝大部分，具体见图 3.11 至图 3.14；根据地震危险性分级标准，安康市 100 年超越概率 1%的峰值加速度＜ 760gal，地震危险性等级涉及 4 级、3 级、2 级，编制安康市地震危险性等级区划图，见图 3.15。

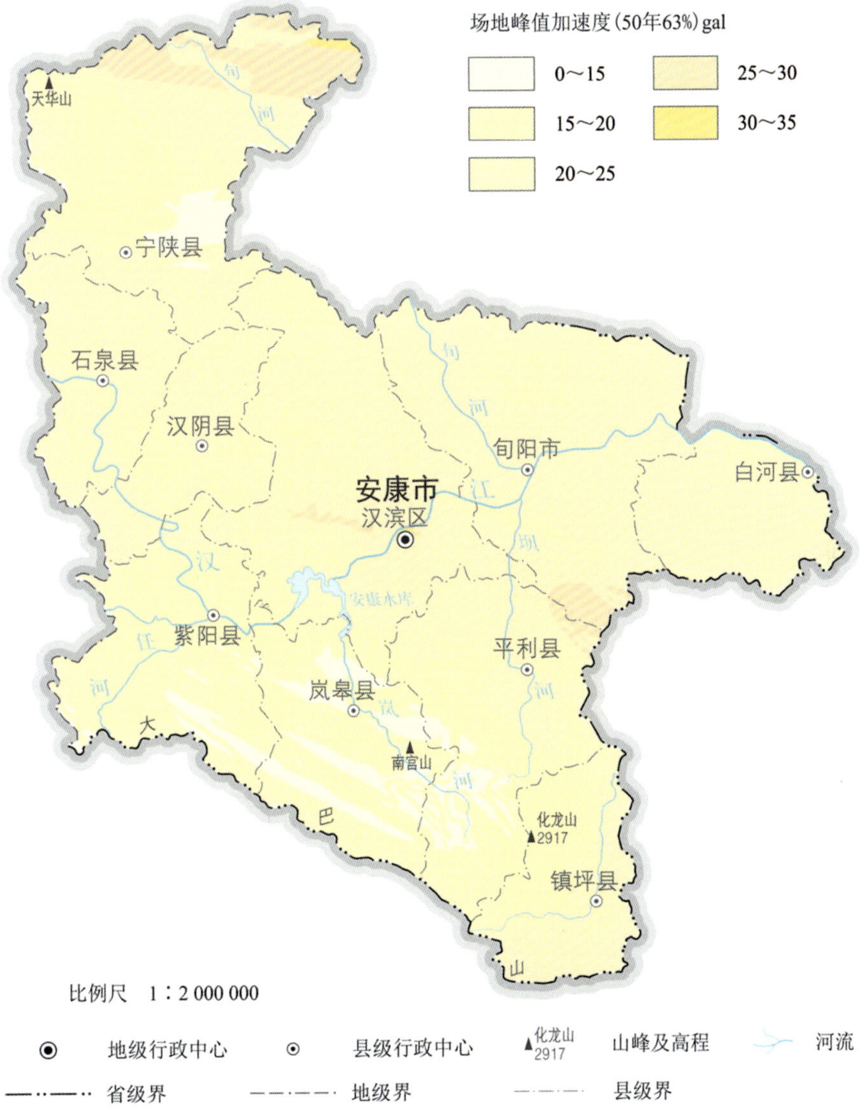

图 3.11 安康市场地地震动 PGA 图(50 年超越概率 63%)

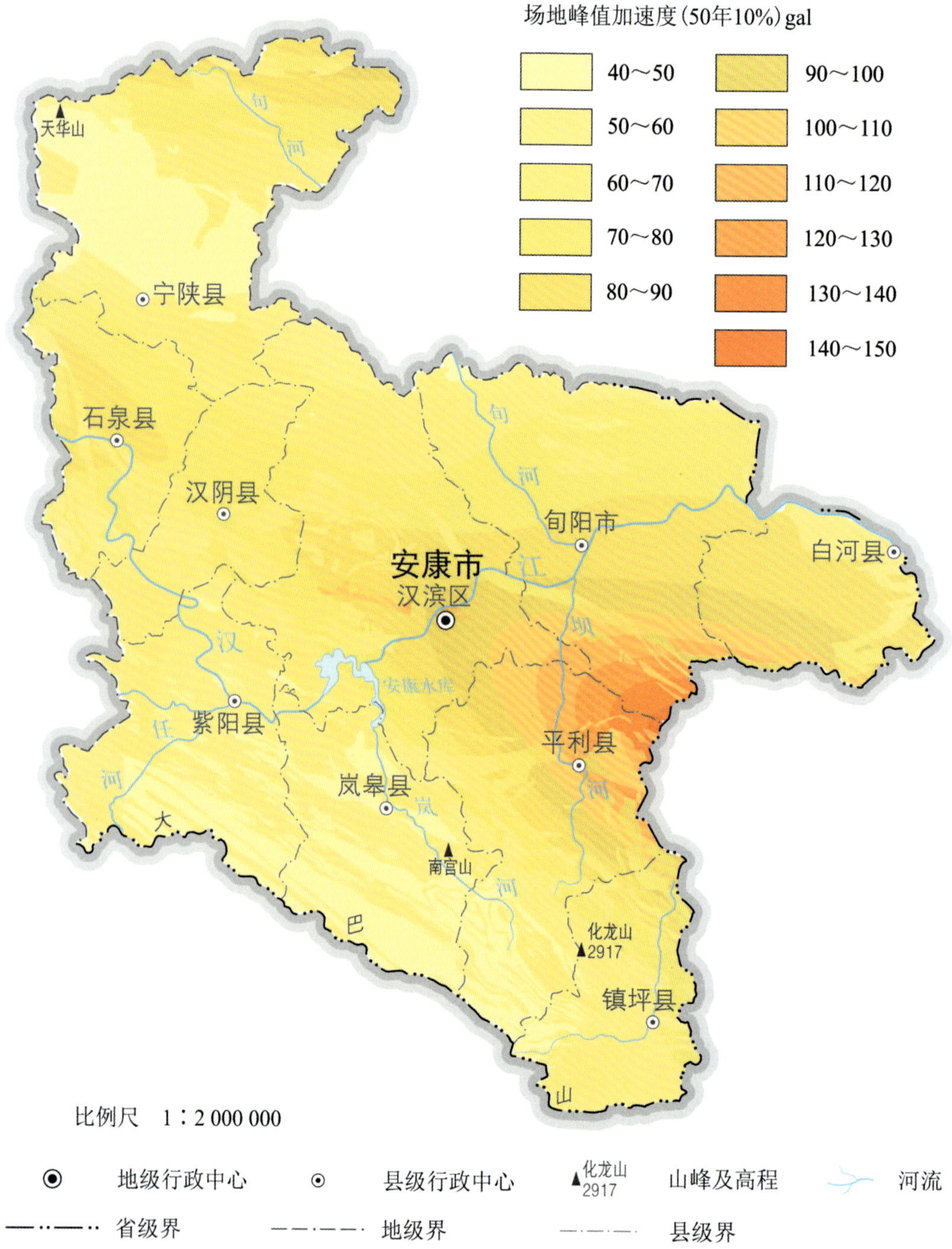

图 3.12 安康市场地地震动 PGA 图(50 年超越概率 10%)

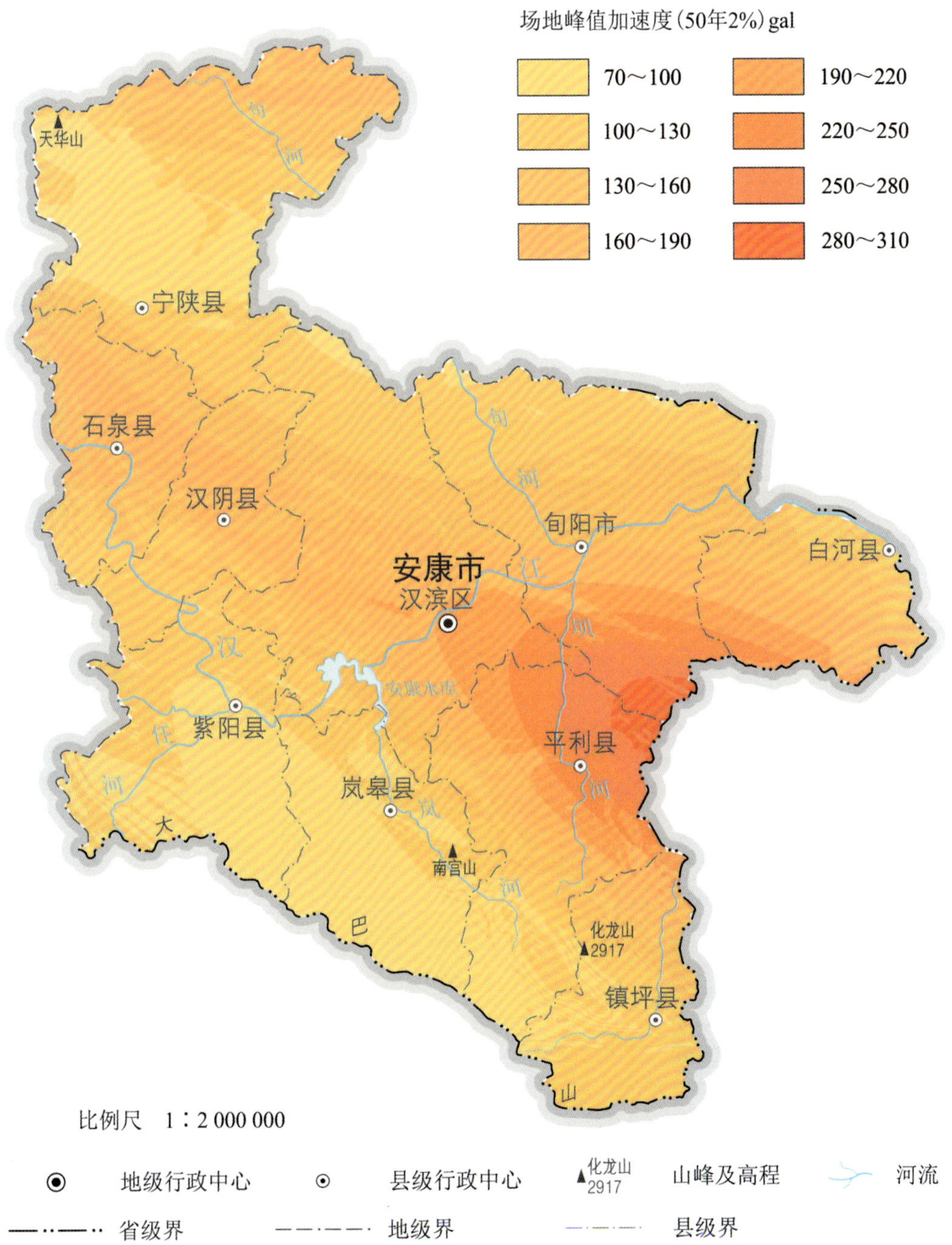

图 3.13 安康市场地地震动 PGA 图(50 年超越概率 2%)

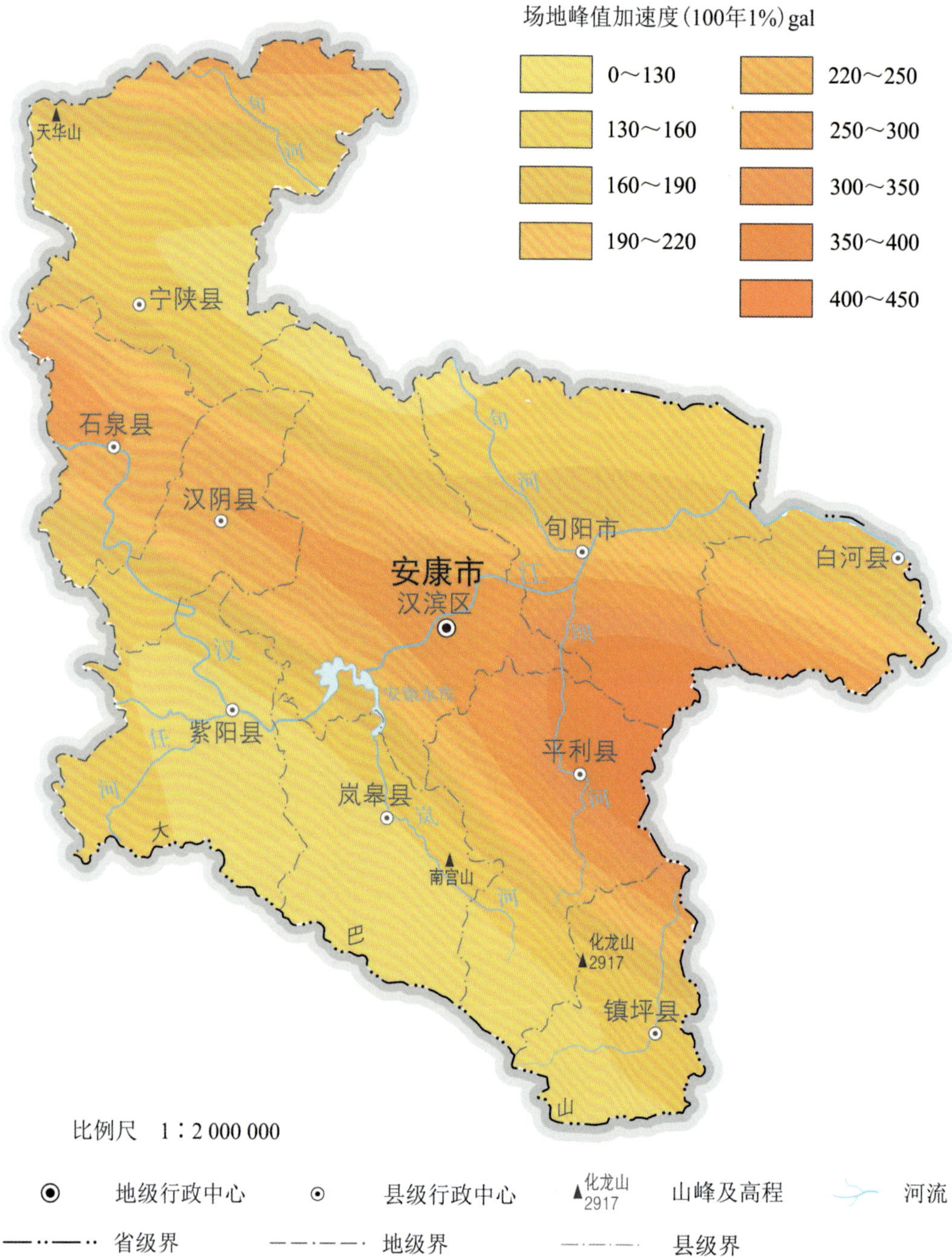

图 3.14 安康市场地地震动 PGA 图(50 年超越概率 1%)

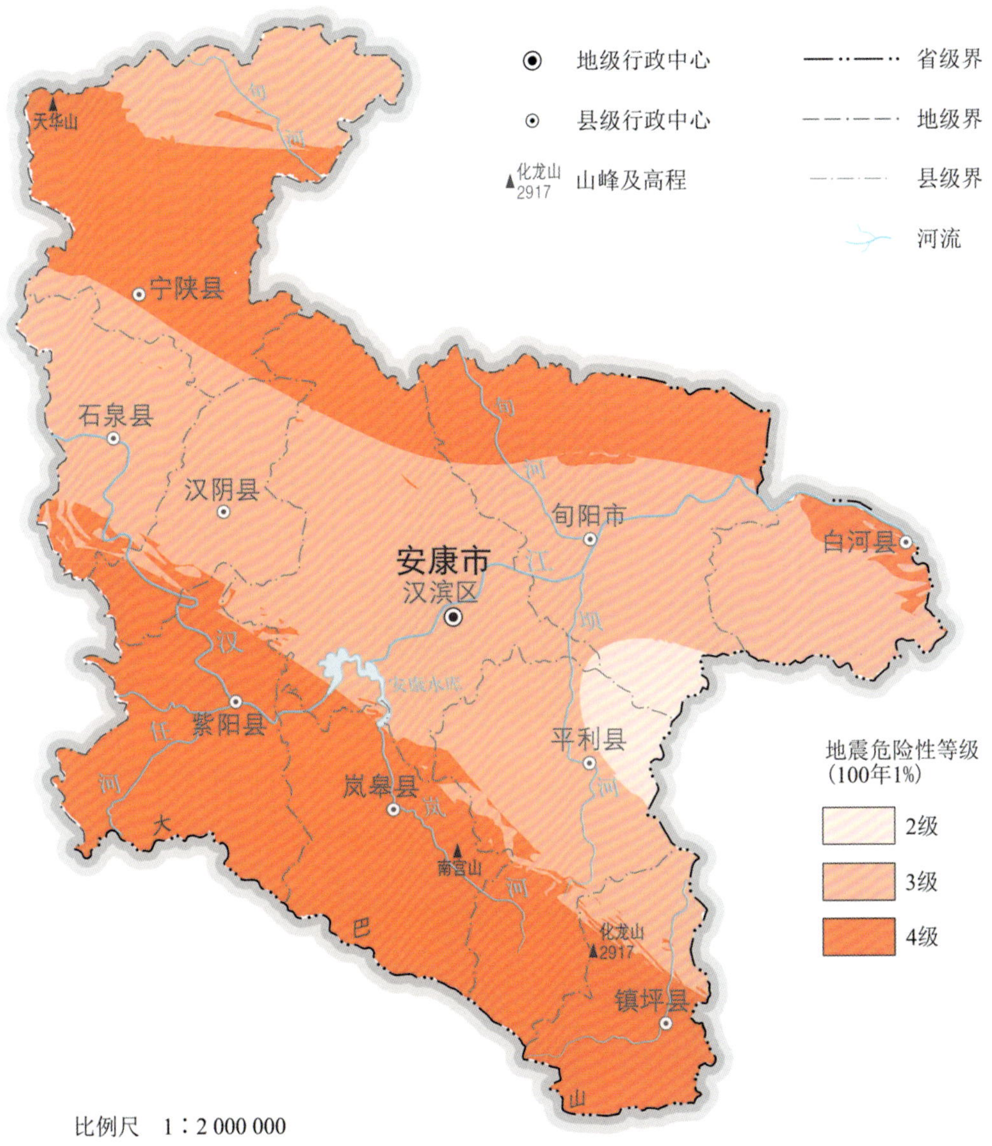

图 3.15 安康市地震危险性等级图(100 年超越概率 1%)

第七节 地震烈度区划

一、地震烈度分级

参考《中国地震动参数区划图》(GB18306—2015)附录 G,根据Ⅱ类场地地震动峰值加速度 a_x,按表 3.10 确定地震烈度。

表 3.10　Ⅱ类场地地震动峰值加速度与地震烈度对照表

Ⅱ类场地地震动峰值加速度	$a_x<0.04g$	$0.04g\leqslant a_x<0.09g$	$0.09g\leqslant a_x<0.19g$	$0.19g\leqslant a_x<0.38g$	$0.38g\leqslant a_x<0.75g$	$a_x\geqslant 0.75g$
地震烈度	Ⅴ	Ⅵ	Ⅶ	Ⅷ	Ⅸ	≥Ⅹ

二、地震烈度区划结果

根据计算得到的场地地震动峰值加速度值，按照地震烈度对照表 3.10，得到了安康市 50 年超越概率 63%、50 年超越概率 10%、50 年超越概率 2%和 100 年超越概率 1%四个概率水平的地震烈度区划图，如图 3.16 至图 3.19 所示。其中安康市 50 年超越概率 63%的地震烈度全部为Ⅴ度，50 年超越概率 10%的地震烈度包括Ⅴ度、Ⅵ度、Ⅶ度，50 年超越概率 2%的地震烈度包括Ⅵ度、Ⅶ度、Ⅷ度，100 年超越概率 1%的地震烈度全部为Ⅶ度、Ⅷ度、Ⅸ度。

图 3.16　安康市地震烈度区划图(50 年超越概率 63%)

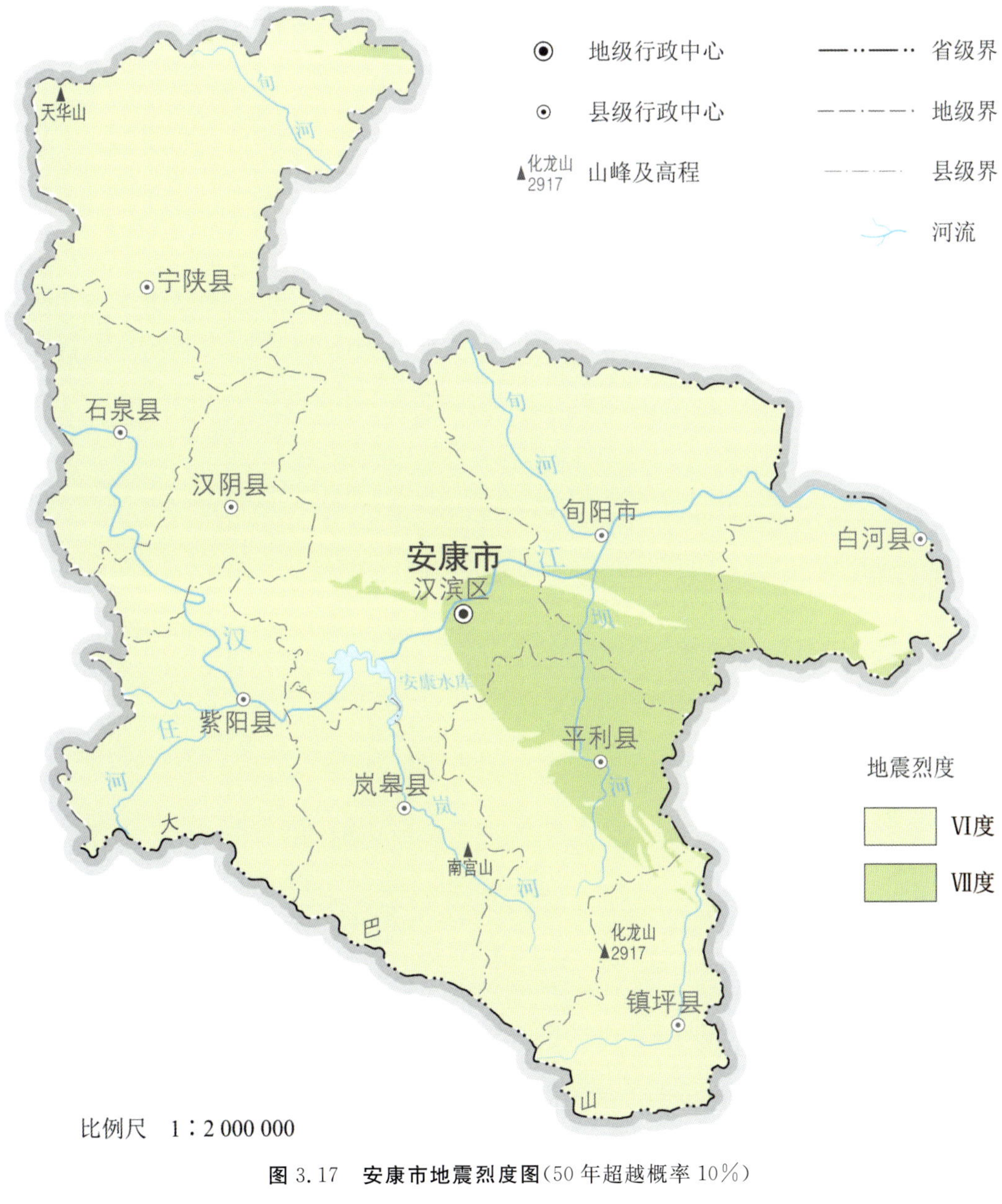

图 3.17 安康市地震烈度图(50 年超越概率 10%)

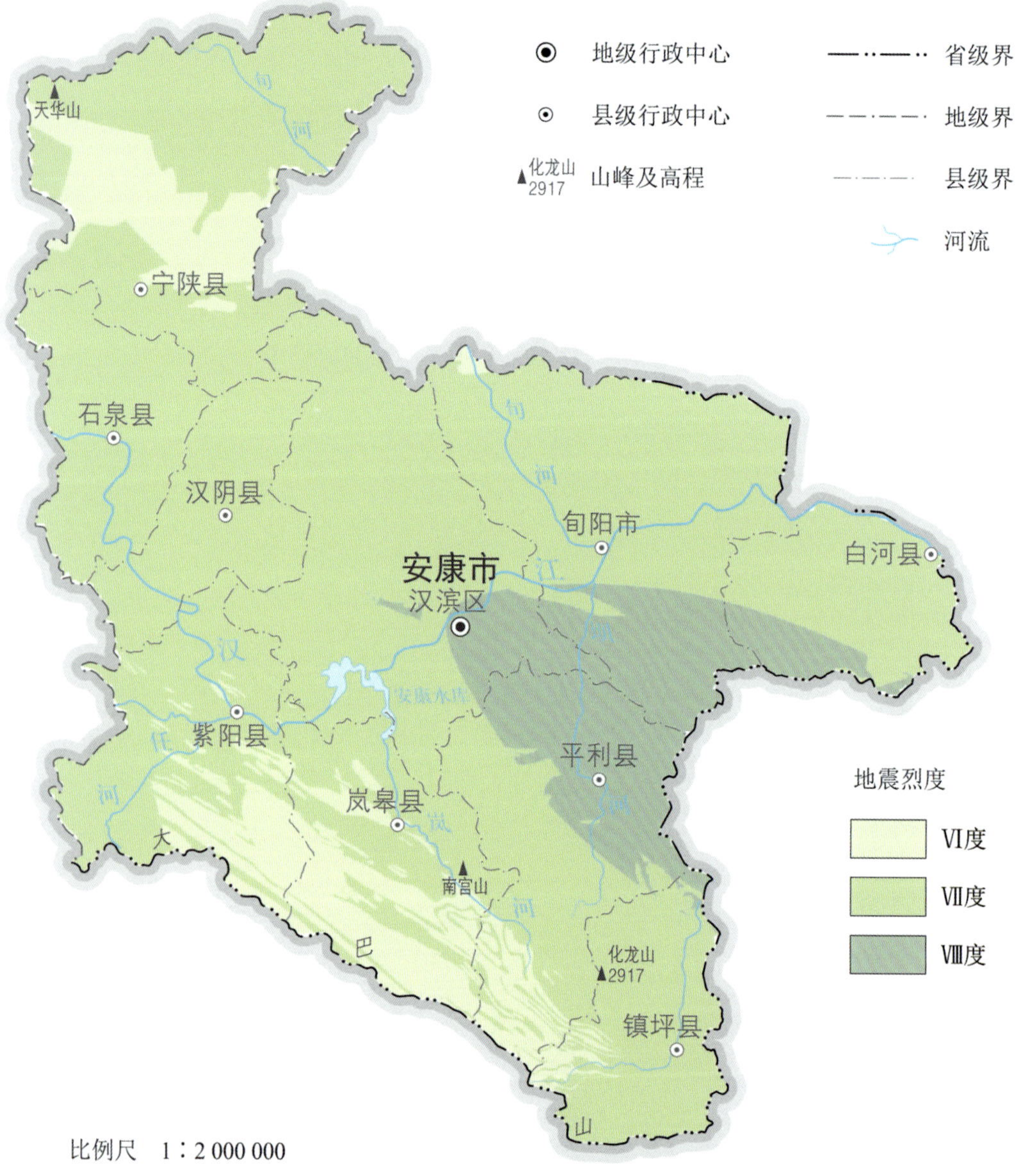

图 3.18 安康市地震烈度图(50 年超越概率 2%)

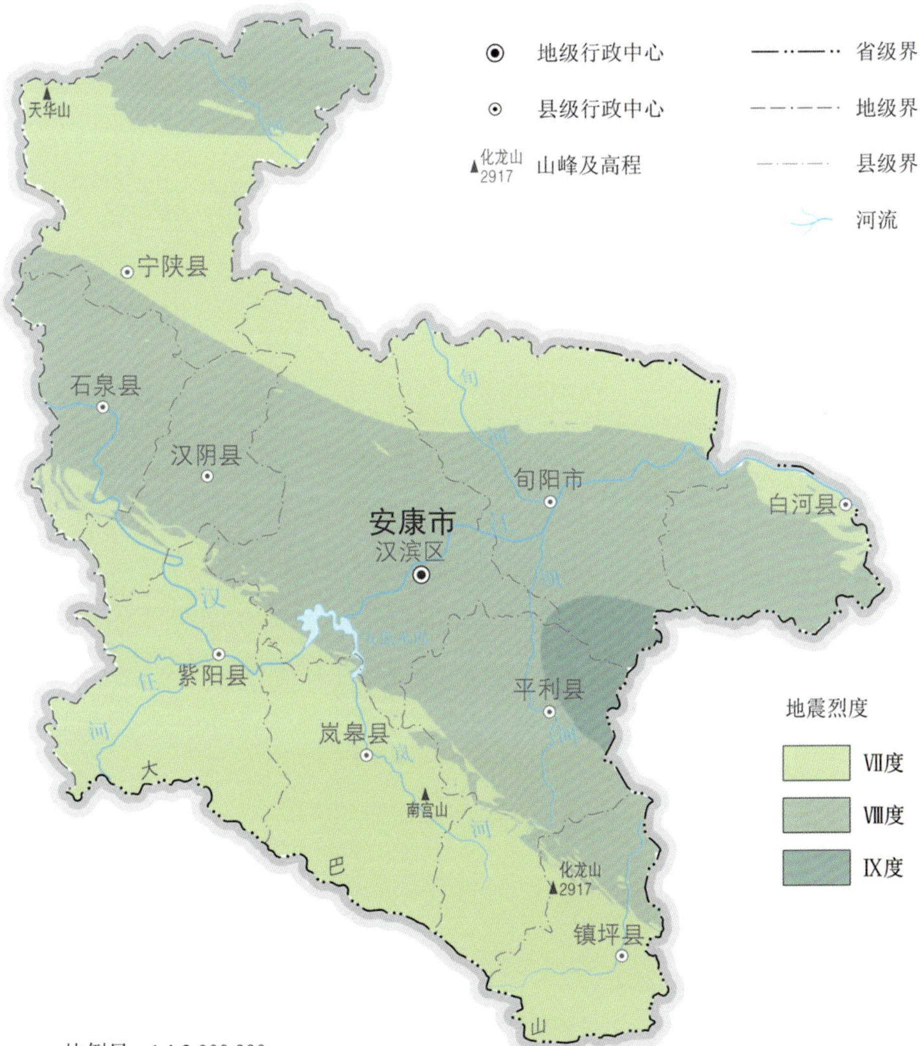

图 3.19 安康市地震烈度图(100 年超越概率 1%)

第八节 本章小结

本次研究结果表明,安康市地震危险性整体较低。安康市 50 年超越概率 63%的地震烈度全部为Ⅴ度,50 年超越概率 10%的地震烈度包括Ⅵ度、Ⅶ度,50 年超越概率 2%的地震烈度包括Ⅵ度、Ⅶ度、Ⅷ度,100 年超越概率 1%的地震烈度全部为Ⅶ度、Ⅷ度、Ⅸ度,烈度结果可为后续风险评估区划提供基础数据。

第四章

安康市建筑物建构造特点及震害分析

安康市房屋结构呈现多样化属性，且在城区、城乡结合部和农村地区有明显的分区特征，一般框架结构、钢结构等主要集中在城区，而城乡结合部和农村地区以砖混结构或未设防自建砌体结构为主，另外在农村地区还有少量的土木结构、木结构及石结构房屋。

第一节　典型房屋结构特点及应用

一、砖混结构

砖混结构由于结构形式简单、建造简便、造价低以及良好的节能效果，被广泛地应用于住宅、办公、医院、学校等建筑用途，安康市存在大量的不同建筑用途的砖混结构。作为建筑最主要的结构形式之一，砖混结构具有延性差的特点，特别是缺少圈梁和构造柱等抗震构造措施的砖混结构在历次地震中的震害比较明显，抗震能力比较差。砖混结构在烈度较低的地震作用下会出现墙体、门窗洞角开裂，在地震烈度较高时还会发生墙体破坏、楼梯间破坏、楼板破坏甚至倒塌等现象。在历次破坏性地震中，安康市砖混结构房屋都有不同程度的震害。

砖混结构的墙体由砖或者砌块砌筑而成，抗变形能力和抗拉能力较差。自重大使其所承受的地震作用较大，在地震作用下容易产生破坏。砖混结构由于其材料的脆性性质，抗剪、抗拉和抗弯强度远低于抗压强度，一般通过设置圈梁和构造柱来提高结构的整体性，从而达到提高其抗震性能的目的。圈梁和构造柱可以提高砖混结构的整体性和抗倒塌能力，采取一定抗震构造措施的设防砖混结构，可以明显减轻砖混结构的震害，最大限度地降低砖混结构倒塌造成的人员伤亡和经济损失。通过调查发现，在安康农村地区仍存在不设防的老旧砖混结构，缺少必要的抗震构造措施，成为地震灾害的风险隐患。

安康市城镇和农村砖混结构较多。2008 年以前自建的砖混结构房屋其抗震能力一般，抗震构造措施大多不完整，没有做到层层圈梁和构造柱等抗震设防措施，2008 年后建造的砖混房屋大多都能按照砌体结构设计规范来设计建造，圈梁、构造柱等抗震措施广泛应用，大多采用水泥砂浆，外墙 37cm，内墙 24cm。地基基础大多采用条形基础，楼板大多采用现浇钢筋混凝土楼板，地基采用三七灰土处理。2008 年以后建造的砖混房屋大多具有一定的抗震能力（图 4.1）。

(a)有抗震措施

(b)无抗震措施

图 4.1　砖混结构

二、框架结构

安康市框架结构房屋主要建造于 2000 年以后，大多不超过 10 层，主要分布在市区和城镇街道，大部分都是经过正规设计院按照混凝土结构设计规范和建筑抗震设计规范设计建造的，抗震能力较好，主要用于教学楼、办公楼、酒店和住宅用房等。安康乡镇有少量住宅为自建框架结构，一般没有经过正规设计院的抗震设计，由农村工匠根据经验或其他工程图纸建造，层数一般 2～5 层，抗震能力一般。该类结构房屋抗震能力强，汶川地震中，安康地区框架结构房屋无破坏，偶尔出现墙皮微小裂缝和抹灰层脱落。框架结构房屋建造成本较高，房屋抗震性能较好，房屋基本都能够满足当地的抗震烈度设防要求。房屋层数主要集中在 3～8 层。填充墙体多采用空心小砌块等材料砌筑，框架结构房屋填充墙体较薄，部分房屋内部隔断填充墙仅 12cm，存在一定的地震安全隐患。

图 4.2　框架结构

三、钢结构

钢结构多用于办公、商业、工业等用途建筑房屋，多出现在安康城镇地区，在农村地区比较少见。钢结构房屋通常以型钢、钢管、钢板等为建筑材料，由钢梁、钢柱、钢管等构件通过焊接、铆接、螺栓连接组合而成。钢结构体系可以灵活布置，因此一些有大开间需求的空旷建筑常采用钢结构。与混凝土结构相比，钢结构强度高，钢结构要比其他结构轻，便于运输和安装，并可以实现大开间。通过调研发现，安康市城区有钢结构的办公和工业用房，大多建于 2010 年以后，基本都是通过正规设计院和施工单位进行抗震设计和建造，有完备的建造图纸，具有较好的抗震能力。与其他结构相比，钢结构主要具有以下特点（Hiroshi Tagawa，2011）。

1. 抗震性好

钢结构具有自重轻、韧性好、强度高、施工速度快等优点。与混凝土结构相比自重较轻，所以地震作用较小；抗压强度大，所以承载能力高。钢结构具有良好的抗震性，结构发生变形时不会突然发生脆性断裂破坏，为人员逃生提供了充足的时间。钢结构体系之间的连接多为柔性连接，在发生地震时，结构构件可以发生一定的塑性变形来耗散地震能量。由于钢结构建筑抗震性能良好，钢结构可有效耗散地震能量，给人员足够的逃生时间，因此钢结构建筑得以广泛应用。

2. 延性好

与混凝土结构相比，钢结构具有非常好的延性，在地震发生时，钢结构不会发生脆性破坏而突然倒塌。钢结构在地震作用下发生塑性变形时，会吸收相当一部分能量，具有一定的安全储备，对建筑内部的人起到很好的保护作用。

3. 抗裂性能好

钢材是一种抗裂能力较好的材料，温度的变化不会导致其产生脆性断裂。而砖混结构在温度发生改变时，由于混凝土的热膨胀系数是砖的 2 倍，在温度应力的作用下，墙体很容易产生裂缝。

4. 施工简便

钢结构由各种钢构件组成，钢构件大多在工厂生产，易于实现工业化、集约化生产，安装方便，质量易于保证。制成的构件运到现场拼装，采用螺栓、铆钉或焊接连接，结构自重较轻，施工方便，施工周期短。

5. 空间布置灵活

钢结构具有强度高、自重轻、延性好的特点。钢结构建筑可采用大空间柱网布置，使建筑平面布置灵活，为建筑师提供灵活的设计空间，可以根据不同用途改变建筑平面布局。钢结构住宅平面布局灵活，空间大小可根据使用者需要随意布置。

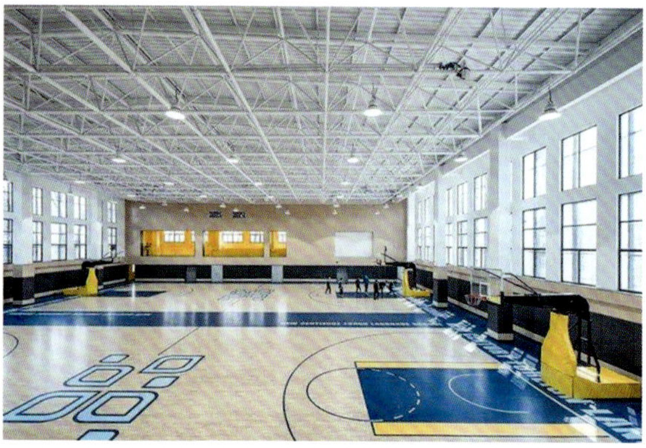

图 4.3　钢结构

四、土木结构

土木结构房屋主要包括墙体承重和墙体木构架混合承重 2 种类型。房屋墙体主要为夯土墙和土坯墙 2 种类型。夯土墙类型的土木结构农居多为单层，层高约为 3m，门窗开洞率低，开间较小。黏土中常掺有不同比例的石灰、秸秆等材料用于提高墙体的强度。为了提高墙体整体性，在夯层之间添加木条，起到横向拉结的作用。部分房屋墙体采用内部土墙，外部一层砖墙的“砖包皮”形式。土坯墙类型的土木结构农居层数多为单层，层高约为 3m。土坯墙体在砌筑过程中通常将黏性土放入模具中制作土坯砖，在制作过程中掺入秸秆、石灰等提高墙体的受力性能，采用平砌、立砌等砌筑方式砌筑而成。三角形木屋架和硬山搁檩屋盖是土木结构房屋屋盖的主要形式。

安康市土木结构很少，基本上都不住人，土木结构房屋大多建造于 20 世纪 80 年代以前，大部分采用土坯砖墙体，少数为夯土墙体，墙体厚度 30～60cm，个别土坯外墙裱单砖，或四角采用砖柱，人字形木屋架，硬山搁檩，屋内有木柱支撑，抗震性能差。

图 4.4　土木结构

五、砖木结构

安康市砖木结构房屋主要为砖墙承重，部分砖木结构为砖墙和木构件混合承重。房屋墙体多采用青砖或红砖砌筑，墙体有实心墙和空斗墙 2 种。由于墙体有效受力面积减小，抗剪和抗弯能力很低，地震时极易产生破坏甚至倒塌，年代久远的砖木结构房屋仅设置圈梁或未设置任何构造措施，抗震能力相对较差。安康市砖木结构房屋主要有双坡木屋顶和平顶 2 种，多为硬山搁檩式，屋面铺设青瓦或彩钢等材料；基础常采用石基础或条形基础 2 种形式。

安康市的砖木结构很少，砖木结构均为一层，层高 3m 左右，墙体多采用实心墙，外墙厚度多数为 37cm，内墙厚度多为 24cm，大多数为 20 世纪 90 年代以前建造，房屋墙体采用泥浆或混合砂浆砌筑，基础采用卵石基础或砖基础，埋深 50cm 左右，现在基本上都不住人。砖木结构都缺少必要的拉结等构造措施，大部分砖木结构为居民自建，年代久远的许多砖木结构未设置任何抗震设防措施，房屋抗震性能较差。汶川地震中安康地区砖木结构受损较严重，表现为砌体墙倒塌或者部分倒塌，严重者致房屋整体倒塌。

图 4.5　砖木结构

第二节　典型房屋结构震害特点

一、砖混结构

在近年安康市周边发生的多次破坏性地震中，大量的砖混结构房屋遭到不同程度的破坏甚至倒塌，造成了一定的人员伤亡和经济损失。倒塌的砖混结构多为 20 世纪 90

年代以前没有经过抗震设计、施工的老旧砖混结构。而 20 世纪 90 年代以后按照抗震规范设计和施工的大多数砖混结构房屋,虽有不同程度的地震损伤,但大多不会倒塌。通过认真梳理分析砖混结构的历史震害,可以将砖混结构的震害特征或破坏形式分为以下几种。

1. 墙体的破坏

墙体的破坏形式以裂缝为主,主要表现为墙体出现斜裂缝、交叉斜裂缝、水平裂缝及竖直裂缝等,严重的还会出现倾斜甚至倒塌等现象。墙体在水平地震作用下主要承受剪切破坏,当地震作用在墙体内产生的剪力超过墙体的抗剪承载力时,墙体就会产生斜裂缝、水平裂缝及竖直裂缝等,当水平地震作用反复作用于墙体时,墙体会产生交叉斜裂缝。

2. 墙角的破坏

由于墙角位于房屋的尽端,在地震作用下砖混结构的扭转效应明显。如果砖混结构周围墙角缺少必要的约束,在地震作用下墙角容易产生破坏。另外,墙角处的受力比较复杂,容易产生应力集中现象,因此在地震作用下通常会产生裂缝或墙角脱落。因此,墙角处一般需要采取一定的拉结措施。

3. 楼梯间的破坏

楼梯间是生命通道,楼梯间破坏会产生严重后果,其破坏主要表现在墙体破坏,通过分析历史震害资料,楼梯间墙体破坏一般比其他部位的墙体破坏严重。这是由于楼梯间开间较小,在水平方向的刚度较大,故承担的地震作用较多,而楼梯间墙体由于没有一般房间的楼盖与其形成空间结构,墙体沿高度方向缺乏平面外约束,因此空间整体性较差,特别是顶层休息平台以上的外纵墙墙体较高,稳定性差。楼梯间的震害除了墙体开裂外,还会有平台梁开裂、梯段板开裂及休息平台开裂等现象。

4. 纵横墙连接处破坏

通过分析历史震害资料,纵横墙连接部位是砖混结构的薄弱部位。纵横墙受到 2 个方向的地震作用,在连接处受力复杂,容易出现应力集中现象,如果在建造中没有采取足够的拉结措施和抗震措施,纵横墙连接处在地震作用下容易发生破坏。

5. 楼板的破坏

通过分析历史震害资料,由于预制楼板在墙体上搁置长度不够,或者楼板和墙体之间缺少可靠的拉结等,在地震中经常会发生预制楼板移位、掉落等现象。预制楼板的连接部位是砖混结构的薄弱部位,导致结构在遭遇破坏性地震时出现楼板坠落或移位等现象。

二、框架结构

通过认真梳理分析框架结构的历史震害，可以将框架结构的震害特征或破坏形式分为以下几种。

1. 梁柱节点的震害

框架梁柱节点的震害是框架结构最主要的震害形式之一，在地震作用下节点容易发生剪切破坏，节点区附近容易产生裂缝或保护层脱落。地震烈度较大时，甚至会发生框架梁纵筋屈服、混凝土压碎而出现弯曲破坏形态。由于楼板对框架梁的约束作用，"强柱弱梁"的破坏机制难以出现，一般柱端先于梁端出铰。节点处柱端的内力比较大，在弯矩、剪力和扭矩的共同作用下，柱顶周围易出现裂缝，严重时会出现保护层脱落甚至混凝土压碎，纵筋屈服形成柱端塑性铰。

2. 柱底震害

在水平和竖向地震作用下，柱底受力复杂，且受到的地震作用较大，柱底的震害主要表现为柱底混凝土保护层脱落，纵筋和箍筋部分屈服，柱底出现裂缝，混凝土压坏。柱底产生的震害大部分是因为结构在地震作用下，柱底同时受弯、受剪、受压及受扭，受力复杂，地震时由于底层受力较大，柱底容易产生塑性铰。

3. 填充墙的震害

填充墙在框架结构中虽不传递荷载，但震害明显。填充墙的震害主要表现在墙体与柱或梁连接四周出现水平和竖向裂缝。墙体由于缺乏可靠的连接而出现裂缝甚至倒塌。虽然填充墙的破坏不影响主体结构安全，但仍然会造成一定的人员伤亡和经济损失。对建筑的使用功能也会造成影响。

4. 楼梯的震害

楼梯间是生命通道，楼梯间破坏会产生严重后果，其破坏主要表现在墙体破坏、楼梯梁开裂、楼梯板开裂等，通过分析震害资料，在水平地震的往复作用下，楼梯板承受往复拉压作用，楼梯梁和板由于承受弯矩、剪力和扭矩作用，处于复杂的受力状态，从而会导致楼梯梁在两端和跨中破坏，混凝土保护层脱落，钢筋扭曲变形等(霍林生等，2009)。

三、钢结构

通过认真梳理分析钢结构的历史震害，可以将钢结构的震害特征或破坏形式分为以下几种。

1. 梁柱节点的破坏

第一种类型的破坏发生在小尺寸的角焊缝处。角焊缝尺寸较小，因而不能将梁翼缘所受的力有效地传递到柱翼缘上，当发生断裂破坏时，构件难以发生塑性变形。第二种类型的梁柱节点破坏发生在全融透焊缝连接处，尤其是在梁下翼缘处，梁端表现出大的塑性变形或局部屈曲。

2. 柱、梁的破坏

柱的破坏一般集中在近节点区域。柱的破坏主要包括柱端的塑性变形过大、柱的过度弯曲、局部屈曲以及母材与柱的连接处的断裂破坏。在多数宽翼缘柱中，出现很多绕弱轴过度弯曲的破坏情况。梁的破坏也主要集中在近节点区域。破坏情况包括梁端出现塑性变形和局部屈曲，梁的拼接处出现塑性变形和螺栓断裂，梁腹板出现平面外屈曲等。

3. 支撑的破坏

支撑构件的破坏主要出现在端部的连接处或交叉处。支撑连接处的破坏出现在螺栓连接和焊缝连接区域。支撑的破坏降低了框架的抗侧刚度并增大了层间位移，且在某些情况下可导致结构的整体坍塌。

4. 柱脚的破坏

柱脚的破坏一般发生在地脚锚栓，由于地脚锚栓的破坏导致建筑发生严重变形或倒塌。另外，还有柱底板发生弯曲变形、柱脚角焊缝开裂以及柱下混凝土开裂等常见破坏形式（Hiroshi Tagawa，2011）。

四、土木结构

由于土木结构房屋材料强度较低，纵横墙体交结处拉接措施不足，房屋基本未设置任何抗震构造措施，在地震时常会出现纵横墙交界处墙角开裂、墙体倒塌等现象。汶川地震中安康农村倒塌房屋以土木结构为主，主要表现为土坯墙裂缝、倒塌等。土木结构房屋建造年代久远，房屋墙体等结构构件存在损坏，且年久失修，损坏的土木结构房屋主要采用砖块进行修缮，替代损坏的土墙（田得元，2021）。

五、砖木结构

砖木结构在地震中的震害情况主要为屋顶和墙体 2 部分。房屋屋顶在地震中会出现瓦片脱落、坍塌等现象；墙体抹灰脱落，转角处出现竖向，山墙出现斜裂缝、横向裂缝以及外闪倒塌等震害情况。在历次地震中震害明显，抗震性能差（田得元，2021）。

第三节　本章小结

安康市框架结构、砖混结构、钢结构等主要集中在城区，而城乡结合部和农村地区以部分设防或未设防自建砌体结构为主，在安康农村地区还有少量的土木结构、木结构及石结构房屋。安康市城区的框架结构大多不超过10层，主要分布在市区和城镇街道，抗震能力较好，主要用于教学楼、办公楼、酒店和住宅等。安康市的钢结构大多分布在城区，主要用于办公楼和工业用房，具有较好的抗震能力。安康市土木结构和木结构基本上很少住人。

第五章

安康市建筑物地震灾害隐患评估

第四章节从建筑物的建构造特点及震害特征 2 方面对安康市不同结构类型的建筑物进行了论述，可以看到不同结构类型的建筑物其抗震能力存在较大差别，导致地震后的破坏现象、破坏程度及危害程度也各不相同。本章则结合影响建筑物抗震能力的各个因素，在安康市建筑物承灾体调查的基础上，建立安康市地震灾害重点隐患数据库，根据相关技术规范评估安康市建筑物承灾体单体及区域隐患等级，分类探讨建筑物隐患现状，为安康市地震灾害风险防治工作提供决策依据。

第一节　安康市建筑物隐患数据

安康市地震灾害隐患评估工作所需的承灾体基础数据主要由住建部门调查提供，部分数据由市县地震部门整理、补充完善。在此基础上，陕西省地震局对各类房屋建筑抽取 5～10 栋进行了现场复核，获得了安康市人员密集型场所房屋建筑、社会服务设施建筑等重点隐患基础数据，并按照住建数据类型对数据进行归类整理形成地震灾害隐患评估所需的数据。同时，陕西省地震局对所有数据进行了线上质检，结果显示，数据质量符合相关规范要求。最终获得安康市全市地震灾害隐患数据 63.5 万条。

一、数据处理

地震灾害隐患评估工作就是针对遭受地震破坏后可能造成重大人员伤亡、严重影响社会运行的各类房屋建筑和重要设施，进行地震灾害重点隐患分级评估，摸清地震灾害重点隐患底数。隐患评估工作数据处理分为 2 个步骤，一是基于各级行政区及各行业承灾体调查数据，抽取关键属性信息建立地震灾害隐患数据清单；二是参照《建(构)筑物地震灾害隐患等级评定技术规范》对地震灾害隐患数据进行计算分析，开展地震灾害重点隐患分级评估。本节中主要介绍数据处理第一步骤的内容，即构建地震灾害隐患数据清单，数据处理第二步骤的内容将在本章第二节“建筑物地震灾害隐患评估方法”部分详细叙述。

地震灾害隐患数据清单本质上属于建筑物单体数据集，数据集由每条建筑物单体数据构成。每条单体数据包含建筑物若干关键属性信息，如单位(小区)名称、详细地址、工程类别、建筑规模、建造年代、建筑抗震设防类别、原抗震设防烈度、现抗震设防烈度、地震危险性、工程场地类型、现存病害情况、住建数据类型等。建筑物属性信息中的工程类别、住建数据类型是按照2种不同的建筑用途分类方式对建筑物隐患数据进行归类；具体来说，工程类别是将隐患数据分为居民住宅、大中小学校舍、医疗卫生设施、社会服务保障设施、商业中心5类，住建数据类型是将隐患数据分为城镇住宅、城镇非住宅、农村独立住宅、农村集合住宅、农村非住宅5类；2种不同的分类方式为隐患数据归类、数据分析提供了必要的参数信息。

另外，建筑物单体属性信息中的建筑规模、建造年代、建筑抗震设防类别、原抗震设防烈度、现抗震设防烈度、地震危险性、工程场地类型、现存病害情况则属于建筑物隐患因子，是地震灾害隐患评估技术规范中估算隐患等级所必需的参数信息。

根据以上隐患数据包含的各项建筑物属性信息，从住建等行业部门承灾体调查数据中一一抽取所需属性信息整理形成安康市地震灾害隐患评估所需的隐患数据；数据范围覆盖安康市全市区域。

二、承灾体特征分析

根据地震灾害风险评估与区划成果要求，以城镇住宅、城镇非住宅、农村集合住宅、农村独立住宅、农村非住宅对所有数据进行分类，按建筑面积对各类建筑从抗震设防情况、现存病害情况、建造年代3个方面进行统计，结果见表5.1至表5.5。

表5.1 安康市城镇住宅隐患数据统计

类型	用途	设防不达标/m²	占比/%	存在病害/m²	占比/%	2000年前建造/m²	占比/%	2000—2010年建造/m²	占比/%	2010年以后建造/m²	占比/%
城镇住宅	住宅	1 237 722.66	2.31	6 313 006.62	11.77	6 206 085.85	11.57	15 973 086.67	29.79	31 443 355.24	58.64

表5.2 安康市城镇非住宅隐患数据统计

类型	用途	设防不达标/m²	占比/%	存在病害/m²	占比/%	2000年前建造/m²	占比/%	2000—2010年建造/m²	占比/%	2010年以后建造/m²	占比/%
城镇非住宅	校舍	63 265.1	0.30	414 522.84	1.98	413 182.84	1.98	1 376 036.72	6.58	2 289 634.81	10.96
	商业中心	29 177.4	0.14	446 663.99	2.14	433 666.11	2.08	1 921 824.03	9.20	4 098 399.83	19.61
	社会保障设施	184 417.86	0.88	1 285 457.75	6.15	1 274 093.1	6.10	2 219 763.61	10.62	3 575 243.82	17.11
	医疗卫生	24 344.78	0.12	163 491.54	0.78	163 186.99	0.78	369 380.82	1.77	581 063.67	2.78
	其他	26 168.6	0.13	175 467.05	0.84	169 975.53	0.8	388 833.9	1.86	1 624 637.6	7.77
	合计	327 373.74	1.57	2 485 603.17	11.89	2 454 104.57	11.74	6 275 839.08	30.03	12 168 979.73	58.23

表 5.3 安康市农村集合住宅隐患数据统计

类型	用途	设防不达标/m²	占比/%	存在病害/m²	占比/%	2000 年前建造/m²	占比/%	2000—2010 年建造/m²	占比/%	2010 年以后建造/m²	占比/%
农村集合住宅	住宅	9 641 631.73	97.52	296 876.83	3.00	283 188.47	2.86	1 169 076.29	11.83	8 434 541.91	85.31

表 5.4 安康市农村独立住宅隐患数据统计

类型	用途	设防不达标/m²	占比/%	存在病害/m²	占比/%	2000 年前建造/m²	占比/%	2000—2010 年建造/m²	占比/%	2010 年以后建造/m²	占比/%
农村独立住宅	住宅	106 227 374.9	98.48	28 670 852.07	26.58	27 717 157.2	25.69	39 619 013.16	36.73	40 533 901.26	37.58

表 5.5 安康市农村非住宅隐患数据统计

类型	用途	设防不达标/m²	占比/%	存在病害/m²	占比/%	2000 年前建造/m²	占比/%	2000—2010 年建造/m²	占比/%	2010 年以后建造/m²	占比/%
农村非住宅	商业中心	220 179.91	2.32	31 821.23	0.34	31 031.23	0.33	72 710.94	0.77	233 060.21	2.46
	其他	6 745 549.26	71.21	1 421 124.13	15.00	1 374 409.96	14.50	2 930 557.7	30.93	2 770 208.43	51.01
	合计	6 965 729.17	73.53	1 452 945.36	15.34	1 405 441.19	14.83	3 003 268.64	31.70	3 003 268.64	53.47

由统计结果可知：

(1)抗震设防方面：安康市农村独立住宅、农村集合住宅、农村非住宅设防不达标占比高，其中，农村独立住宅与农村集合住宅设防不达标占比甚至超过 95%；相反城镇住宅、城镇非住宅设防不达标占比低，设防不达标占比均未超过 3%。

(2)建筑物病害方面：安康市各类型建筑物存在病害占比均较低，存在病害占比均未超过 30%。其中，农村独立住宅存在病害占比为 26.58%；城镇住宅、城镇非住宅、农村非住宅存在病害占比均在 10%～20%间；农村集合住宅存在病害占比为 3%。

(3)建造年代方面；安康市各类型建筑物 2000 年以后建造的占比高，均超过 70%。其中，农村独立住宅 2000 年以后建造的占比为 75%左右；城镇住宅、城镇非住宅、农村非住宅 2000 年以后建造的占比均在 85%～90%间；农村集合住 2000 年以后建造的占比甚至超过 95%。

第二节　建筑物地震灾害隐患评估方法

一、单体地震灾害隐患评估

按照第一次全国自然灾害综合风险普查技术规范——《建(构)筑物地震灾害隐患

等级评定技术规范》的要求，承灾体单体地震灾害隐患指数由遭受地震破坏时产生的后果严重程度、所处场地的地震危险性、工程结构本身的地震易损性 3 方面确定，并且这 3 方面相互独立，因此取三者的乘积来表示单体地震灾害隐患指数，隐患指数越小则隐患越严重，可能造成的危害后果越严重。

而承灾体单体地震灾害隐患等级则按照承载体单体地震灾害隐患指数大小将隐患严重程度划分为“轻微、一般、重点”3 个等级。单体地震灾害隐患指数按式(5.1)进行计算。

$$I_{PEH} = C \cdot R \cdot V \tag{5.1}$$

式中：I_{PEH} 表示单体地震灾害隐患指数；C 为承灾体破坏后果影响系数；R 为承灾体场址影响系数；V 为承灾体易损性影响系数。隐患指数与隐患等级的对应关系见表 5.6。

表 5.6 承灾体单体地震灾害隐患等级

隐患等级	单体地震灾害隐患指数
轻微	(0.25，1.0]
一般	(0.075，0.25]
重点	(0，0.075]

1. 承灾体破坏后果影响系数

承灾体破坏后果影响系数 C 的取值是根据承灾体破坏后导致的后果影响严重程度进行取值的。这里参考《建筑工程抗震设防分类标准》(GB50223－2008)，按照影响程度依次减弱的顺序将承灾体分为Ⅰ、Ⅱ、Ⅲ、Ⅳ四类，由此根据承灾体所属类型按照规范对应取值。需要注意的是当建筑物为Ⅲ类承载体时，要按照建筑面积大小确定影响系数 C。

2. 承灾体场址影响系数

承灾体场址影响由承灾体所在场址的地震危险性和场地类别来表示，考虑到地震危险性与场地类别都与地质构造相关，取两者加权之和作为承灾体场址的影响系数，按照两者权重相同处理，按式(5.2)进行计算。

$$R = a_R \cdot R_1 + b_R \cdot R_2 \tag{5.2}$$

式中：R_1 表示考虑地震危险性的场址影响系数；R_2 表示考虑场地类别的场址影响系数；a_R、b_R 表示权重系数，其中 $a_R=0.5$，$b_R=0.5$。

地震危险性影响系数 R_1 的取值，应按承灾体所处地区的抗震设防要求即《中国地震动参数区划图》(GB18306－2015)的规定，按规范取值。承灾体所在场地类别影响系数 R_2 的确定，应综合考虑断层、软土等地震地质破坏不利因素，将工程场地划分为Ⅰ、Ⅱ、Ⅲ、Ⅳ、Ⅴ五类，由此根据承灾体在场地类别所属类型按照规范对应取值。其中，Ⅰ、Ⅱ、Ⅲ、Ⅳ分别对应《建筑抗震设计规范》(GB50011－2010)中第 4.1.6 条中根据土层等效剪切波速和场地覆盖层厚度确定的Ⅰ、Ⅱ、Ⅲ、Ⅳ类场地，与已探明的活断层距离小于等于10km的场地定义为第Ⅴ类。

3. 承灾体易损性影响系数

承灾体易损性影响系数的确定，应综合计入承灾体设防标准、建造年代和承灾体病害3方面影响，按式(5.3)计算。

$$V=a_V \cdot V_1+b_V \cdot V_2+c_V \cdot V_3 \tag{5.3}$$

式中：V_1 表示考虑承灾体设防标准的易损性影响系数；V_2 表示考虑承灾体建造年代的易损性影响系数；V_3 表示考虑承灾体病害的易损性影响系数；a_V、b_V、c_V 表示权重系数，其中 $a_V=0.9\dfrac{0.2 \cdot V_1+0.8 \cdot V_3}{V_1+V_3}$，$b_V=0.1$，$c_V=0.9\dfrac{0.8 \cdot V_1+0.2 \cdot V_3}{V_1+V_3}$ 。

(1)考虑承灾体抗震设防标准的易损性影响系数 V_1 的确定，应按承灾体实际抗震设防水平与现行《中国地震动参数区划图》(GB18306—2015)和《建筑工程抗震设防分类标准》(GB50223—2008)规定的标准抗震设防要求进行对比，按规范对应取值。

(2)考虑承灾体建造年代的地震易损性影响系数 V_2 的确定，应根据我国建筑抗震设计规范的颁布实施年代，将既有房屋建筑按其建造年代分为4档，按规范对应取值。需要注意的是对已经采取加固措施的建筑，后续使用年限30年的，其易损性影响系数 V_2 按照原建造时间取值；后续使用年限40年的，用加固时间代替建造时间取值，同时乘以影响折减系数0.95；后续使用年限50年的，用加固时间代替建造时间取值。

(3)考虑承灾体现存病害程度的地震易损性影响系数 V_3 的确定，应将承灾体现存病害分为5个等级：无病害、轻微病害、一般病害、较大病害、严重病害，按规范对应取值。

二、区域地震灾害隐患评估

在所有单体隐患等级计算结果的基础上，根据不同隐患等级的承灾体比例，确定某类承载体的区域地震灾害隐患指数和等级，区域地震灾害隐患指数按式(5.4)进行计算：

$$RI_{\mathrm{PEH}i}=\frac{N_{\mathrm{PEH}i}}{\sum N_{\mathrm{PEH}i}} \tag{5.4}$$

式中：i 表示地震灾害隐患等级，$i=1,2,3$ 分别表示隐患等级为轻微、一般和重点；$RI_{\mathrm{PEH}i}$ 表示地震灾害隐患等级为 i 的某类承灾体区域地震灾害隐患指数；$N_{\mathrm{PEH}i}$ 表示区域内地震灾害隐患等级为 i 的某类承灾体建筑面积；$\sum N_{\mathrm{PEH}i}$ 表示区域内参与地震灾害隐患等级评定的某类承灾体总建筑面积。承灾体区域隐患指数与隐患等级的对应关系见表 5.7。

表 5.7 承灾体区域地震灾害隐患等级

隐患等级	区域地震灾害隐患指数RI_{PEH}
轻微	$RI_{PEH3} \leqslant 0.01$ 和$RI_{PEH2}+RI_{PEH3} \leqslant 0.1$
一般	$0.01 < RI_{PEH3} \leqslant 0.1$ 或 $0.1 < RI_{PEH2}+RI_{PEH3} \leqslant 0.5$
重点	$RI_{PEH3} > 0.1$ 或$RI_{PER2}+RI_{PEH3} > 0.5$

第三节 评估结果分析

依据前述评估方法和地震灾害风险评估与区划成果要求，将安康市建筑物分为城镇住宅、城镇非住宅、农村集合住宅、农村独立住宅、农村非住宅共 5 类，分别计算各类建筑物单体地震灾害隐患指数并确定单体隐患等级，在所有单体隐患评估结果的基础上计算某类承载体的区域地震灾害隐患指数并确定区域隐患等级。

一、单体隐患评估结果

将安康市建筑物数据按照住建数据类别分类方法进行分类，分类按建筑面积统计各类承灾体单体隐患等级结果，结果见表 5.8 至表 5.12。

表 5.8 安康市城镇住宅单体隐患评估结果统计

类 型	轻微/m^2	占比/%	一般/m^2	占比/%	重点/m^2	占比/%
城镇住宅	52 921 737.64	98.69	700 790.12	1.31	0	0

表 5.9 安康市城镇非住宅单体隐患评估结果统计

类型	用途	轻微/m^2	占比/%	一般/m^2	占比/%	重点/m^2	占比/%
城镇非住宅	校舍	4 003 249.27	19.16	75 605.1	0.36	0	0
	商业中心	6 408 795.59	30.67	45 094.38	0.22	0	0
	社会保障设施	6 846 072.65	32.76	223 027.88	1.07	0	0
	医疗卫生	1 088 662.15	5.21	24 969.33	0.12	0	0
	其他	2 167 120.38	10.37	16 326.65	0.08	0	0
	合计	20 513 900.04	98.16	385 023.34	1.84	0	0

表 5.10 安康市农村集合住宅单体隐患评估结果统计

类 型	轻微/m²	占比/%	一般/m²	占比/%	数量/m²	占比/%
农村集合住宅	1 131 344.37	11.44	8 755 462.3	88.56	0	0

表 5.11 安康市农村独立住宅单体隐患评估结果统计

类 型	轻微/m²	占比/%	一般/m²	占比/%	数量/m²	占比/%
农村独立住宅	97 260 606.01	90.16	10 609 465.61	9.84	0	0

表 5.12 安康市农村非住宅单体隐患评估结果统计

类 型	用途	轻微/m²	占比/%	一般/m²	占比/%	数量/m²	占比/%
农村非住宅	商业中心	190 165.55	2	146 636.83	1.55	0	0
	其他	6 359 387.36	67.13	2 777 697.52	29.32	0	0
	合计	6 549 552.91	69.13	2 924 334.35	30.87	0	0

从统计结果可以看出，安康市建筑物单体隐患等级均为“轻微”或“一般”，不存在隐患等级为“重点”的建筑物。城镇住宅、城镇非住宅、农村独立住宅、农村非住宅单体隐患等级以“轻微”为主，面积占比分别为 98.69%、98.16%、90.16%和 69.13%；农村集合住宅单体隐患等级以“一般”为主，面积占比为 88.56%，农村集合住宅隐患等级较高，需重点关注。

总的来说，此次普查安康市建筑物承灾体约 63.52 万栋，隐患等级为“一般”的建筑物总面积为 2 337.71 万 m²，约占调查总量的 11.59%，其余隐患等级均为“轻微”。另外，相比于城镇地区，农村各类型建筑物单体隐患等级较高的建筑面积占比大，风险更高。

二、区域隐患评估结果

区域地震灾害隐患指数反映某类承灾体区域隐患的宏观水平，依据前述评估方法，在单体隐患评估的基础上计算安康市各类建筑物的区域地震灾害隐患指数和隐患等级。安康市各类型建筑物数量多，分布广，以区县为单元评估其区域地震灾害隐患等级更能反映全市不同行政单元的承灾体震害风险情况。另外，由于安康市各类承灾体单体隐患等级不存在“重点”隐患等级，所以各类建筑物单体“重点”等级总面积及区域地震灾害隐患指数RI_{PEH3}均为 0，故在统计区域地震灾害隐患等级评估结果表中不再列出单体“重点”等级总面积及RI_{PEH3}值。

1. 城镇住宅

安康市城镇住宅 10 个区县的区域地震灾害隐患等级评估结果均为“轻微”隐患等级；无“一般”及“重点”隐患等级的区县。可见，对于安康市城镇住宅类建筑而言，

10 个区县的区域隐患风险水平一致，均是低风险。评估结果如表 5.13、图 5.1 所示。

表 5.13 安康市城镇住宅区域地震灾害隐患等级评估结果

序号	区 县	单体“轻微”等级总面积/m^2	占比/%	单体“一般”等级总面积/m^2	占比/%	RI_{PEH2}	区域隐患等级
1	汉滨区	26 002 296.73	99.76	61 996.12	0.24	0.002	轻微
2	旬阳县	5165083.28	99.73	13 971	0.27	0.003	轻微
3	平利县	2 565 159.3	100	0	0	0	轻微
4	汉阴县	3 779 600.63	99.83	6420	0.17	0.002	轻微
5	白河县	4 887 178.02	92.33	405 969.14	7.67	0.077	轻微
6	紫阳县	2 646 785.93	94.66	149 181.16	5.34	0.053	轻微
7	石泉县	3 305 159.24	99.82	5881	0.18	0.002	轻微
8	岚皋县	2 853 627.18	99.69	8 922.2	0.31	0.003	轻微
9	宁陕县	1 047 807.49	95.58	48 449.5	4.42	0.044	轻微
10	镇坪县	669 039.84	100	0	0	0	轻微

图 5.1 安康市建筑物地震灾害区域隐患等级分布图(城镇住宅)

2. 城镇非住宅

安康市城镇非住宅中白河县、宁陕县 2 个县的区域地震灾害隐患等级评估结果为“一般”隐患等级；其余 8 个区县的区域地震灾害隐患等级评估结果均为“轻微”隐患等级；无“重点”隐患等级的区县。可见，对于安康市城镇非住宅类建筑而言，除市区北部宁陕县及东部白河县 2 个县的区域隐患风险水平属于中风险，其余 8 区县均属于低风险。评估结果如表 5.14、图 5.2 所示。

表 5.14　安康市城镇非住宅区域地震灾害隐患等级评估结果

序号	区 县	单体“轻微”等级总面积/m²	占比/%	单体“一般”等级总面积/m²	占比/%	RI_{PEH2}	区域隐患等级
1	汉滨区	11 688 782.54	99.78	25 394.32	0.22	0.002	轻微
2	旬阳县	2 133 766.52	98.12	40 981	1.88	0.019	轻微
3	平利县	980 381.35	99.89	1 120	0.11	0.001	轻微
4	汉阴县	1 188 457.96	99.52	5 713.75	0.48	0.005	轻微
5	白河县	873 582.66	84.98	154 437.44	15.02	0.15	一般
6	紫阳县	628 714.63	92.64	49 964.07	7.36	0.074	轻微
7	石泉县	1 469 963.11	99.57	6306.1	0.43	0.004	轻微
8	岚皋县	745 158.31	96.13	30 030.41	3.87	0.039	轻微
9	宁陕县	442 328.89	88.45	57 738.49	11.55	0.115	一般
10	镇坪县	362 764.07	96.45	13 337.76	3.55	0.035	轻微

图 5.2　安康市建筑物地震灾害区域隐患等级分布图（城镇非住宅）

3. 农村集合住宅

安康市农村集合住宅 10 个区县的区域地震灾害隐患等级评估结果均为“重点”隐患等级；无“轻微”及“一般”隐患等级的区县。可见，对于安康市农村集合住宅类建筑而言，10 个区县的区域隐患风险水平一致，均是高风险。评估结果如表 5.15、图 5.3 所示。

表 5.15　安康市农村集合住宅区域地震灾害隐患等级评估结果

序号	区 县	单体“轻微”等级总面积/m^2	占比/%	单体“一般”等级总面积/m^2	占比/%	RI_{PEH2}	区域隐患等级
1	汉滨区	169 736.49	9.09	1 696 609.4	90.91	0.909	重点
2	旬阳县	116 066.58	17.69	540 032.34	82.31	0.823	重点
3	平利县	78 095.28	8.05	892 628.33	91.95	0.92	重点
4	汉阴县	166 680	12.67	1 148 430	87.33	0.873	重点
5	白河县	229 494.85	22.73	780 042.28	77.27	0.773	重点
6	紫阳县	130 990.7	6.95	1 754 244.4	93.05	0.931	重点
7	石泉县	104 394	8.86	1 074 373.5	91.14	0.911	重点
8	岚皋县	67 589.6	19.89	272 276.85	80.11	0.801	重点
9	宁陕县	13 751.87	2.68	498 918.17	97.32	0.973	重点
10	镇坪县	54 545	35.78	97 907.03	64.22	0.642	重点

图 5.3　安康市建筑物地震灾害区域隐患等级分布图(农村集合住宅)

由表5.15可知，安康市10个区县农村集合住宅地震灾害单体隐患“一般”等级的总面积占比均超过50%，甚至有5个区县占比超过90%，导致各区县农村集合住宅区域地震灾害隐患等级均为“重点”。从影响建筑物单体隐患等级的3个因素来分析，各区县农村集合住宅单体隐患“一般”等级总面积占比大的原因：一是原抗震设防不达标占比高，设防不达标的面积占比高达97.52%；二是集合住宅类建筑规模大，按照《建(构)筑物地震灾害隐患等级评定技术规范》中的规定，建筑规模与承灾体破坏后的影响成正比，即集合住宅类建筑地震破坏后影响严重。

4. 农村独立住宅

安康市农村独立住宅中汉滨区、紫阳县、宁陕县3个区县的区域地震灾害隐患等级评估结果为“一般”隐患等级；其余7个区县的区域地震灾害隐患等级评估结果均为“轻微”隐患等级；无“重点”隐患等级的区县。可见，对于安康市农村独立住宅类建筑而言，除市区中部汉滨区、西部紫阳县、北部宁陕县3个区县的区域隐患风险水平属于中风险外，其余7个区县均属于低风险。评估结果如表5.16、图5.4所示。

表5.16　安康市农村独立住宅区域地震灾害隐患等级评估结果

序号	区县	单体“轻微”等级总面积/m²	占比/%	单体“一般”等级总面积/m²	占比/%	RI_{PEH2}	区域隐患等级
1	汉滨区	33 990 307.72	89.03	4 188 378.49	10.97	0.11	一般
2	旬阳县	15 941 374.18	91.88	1 408 439.17	8.12	0.081	轻微
3	平利县	8 042 282.66	93.32	575 525.05	6.68	0.067	轻微
4	汉阴县	11 986 208.25	90.72	1 225 917.45	9.28	0.093	轻微
5	白河县	6 377 816.29	94.81	349 092.89	5.19	0.052	轻微
6	紫阳县	7 467 168.02	85.55	1 261 299.98	14.45	0.145	一般
7	石泉县	4 735 245.78	93.13	349 385.86	6.87	0.069	轻微
8	岚皋县	4 470 286.61	96.19	177 017.34	3.81	0.038	轻微
9	宁陕县	1 589 964.17	65.65	832 094.55	34.35	0.344	一般
10	镇坪县	2 659 952.33	91.65	242 314.83	8.35	0.083	轻微

图 5.4　**安康市建筑物地震灾害区域隐患等级分布图**(农村独立住宅)

5. 农村非住宅

安康市农村非住宅 10 个区县的区域地震灾害隐患等级评估结果均为“一般”隐患等级;无“轻微”及“重点”隐患等级的区县。可见,对于安康市农村非住宅类建筑而言,10 个区县的区域隐患风险水平一致,均是中风险。评估结果如表 5.17、图 5.5 所示。

由表 5.17 可知,安康市 10 个区县农村非住宅地震灾害单体隐患“一般”等级的总面积占比均超过 10%,甚至有 8 个区县占比均超过 20%,“一般”等级总面积占比较大,导致各区县农村非住宅区域地震灾害隐患等级为“一般”。从影响建筑物单体隐患等级的 3 个因素来分析,各区县农村非住宅单体隐患“一般”等级总面积偏大的原因是农村非住宅类建筑物中存在大量厂房、物流仓库等建筑,这 2 类建筑物栋数少但总面积占比大,同时调查数据显示这 2 类建筑一般无抗震措施,导致农村非住宅类建筑区域隐患等级加重。

表 5.17 安康市农村非住宅区域地震灾害隐患等级评估结果

序号	区 县	单体“轻微”等级总面积/m²	占比/%	单体“一般”等级总面积/m²	占比/%	RI_{PEH2}	区域隐患等级
1	汉滨区	1 864 794.32	63.62	1 066 555.94	36.38	0.364	一般
2	旬阳县	887 651.75	73	328 355.39	27	0.27	一般
3	平利县	478 629.02	76.38	148 024.26	23.62	0.236	一般
4	汉阴县	637 541.15	60.81	410 938.48	39.19	0.392	一般
5	白河县	833 670.71	82.66	174 937	17.34	0.173	一般
6	紫阳县	430 281.02	63.12	251 383.68	36.88	0.369	一般
7	石泉县	527 738.23	73.6	189 336	26.4	0.264	一般
8	岚皋县	346 341.18	81.21	801 51.61	18.79	0.188	一般
9	宁陕县	344 663.71	62.53	206 490.94	37.47	0.375	一般
10	镇坪县	198 241.82	74.41	681 61.05	25.59	0.256	一般

图 5.5 安康市建筑物地震灾害区域隐患等级分布图(农村非住宅)

6. 区域隐患评估结果分析

安康市建筑物区域地震灾害隐患评估结果统计见表 5.18。

表 5.18　安康市建筑物区域地震灾害隐患评估结果统计

隐患等级	区县数量				
	城镇住宅	城镇非住宅	农村集合住宅	农村独立住宅	农村非住宅
轻微	10	8	0	7	0
一般	0	2	0	3	10
重点	0	0	10	0	0

从表 5.18 可见,各区县农村集合住宅区域隐患等级均为“重点”,风险最高;各区县农村非住宅区域隐患等级均为“一般”,风险较高;除个别区县城镇非住宅、农村独立住宅区域隐患等级为“一般”外,其余大部分区县城镇非住宅、农村独立住宅区域隐患等级均为“轻微”,风险次之;各区县城镇住宅区域隐患等级均为“轻微”,风险最小。

总体来看,城镇地区的住宅及非住宅类建筑区域地震灾害隐患等级均较低,而农村地区区域隐患等级较高。可能是由于农村房屋老旧且建设标准低,一般抗震能力较弱,导致农村区域地震灾害隐患加重。

第四节　本章小结

此次安康市地震灾害隐患评估是首次基于全域房屋建筑逐栋调查数据开展的评估工作,相比以往基于统计推演的数据,此次工作数据的翔实性和完备性是前所未有的。同时,各类地震灾害隐患评估模型是在 10 余年研发的基础上根据此次风险普查的要求发展而成,代表了最新的地震灾害隐患评估成果。翔实完备的数据和最新的地震灾害隐患评估模型相结合,给出了科学全面且符合安康市实际的地震灾害隐患结果。

(1)抗震设防方面,城镇各类建筑明显优于农村各类建筑,农村建筑抗震设防水平很差,各类设防不达标占比均超过 70%;存在病害的建筑物主要集中在农村独立住宅类,病害比例接近 30%;各类型建筑物 2000 年以后建造的占比高,其中农村集合住宅类占比甚至超过 95%。

(2)安康市 5 类建筑物承灾体中,不存在地震灾害单体隐患等级为“重点”的承灾体。其中城镇住宅、城镇非住宅、农村独立住宅、农村非住宅单体隐患等级以“轻微”为主,而农村集合住宅单体隐患等级以“一般”为主。

(3)安康市 10 个区县的 5 类承灾体中,城镇住宅、城镇非住宅、农村独立住宅的区域地震灾害隐患等级以“轻微”为主;农村集合住宅的区域地震灾害隐患等级均为“重点”;而农村非住宅的区域地震灾害隐患等级均为“一般”。农村集合住宅、农村非住宅的地震灾害隐患等级相对高,主要与未设防或者设防烈度偏低存在病害有关。

第六章

安康市地震灾害风险评估与区划

地震灾害具有突发性、影响范围广、损失破坏严重、预测难度高等特点，一次中强地震的发生往往会对社会经济、人民生命等造成严重的损失。近年来，我国大陆地区相继发生了汶川 8.0 级、玉树 7.1 级、庐山 7.0 级、鲁甸 6.5 级等中强地震，同时引发了一系列滑坡、崩塌等次生灾害，造成大量的人员死亡和经济损失。基于危险性和承灾体数据，利用科学的方法分区域开展地震灾害风险评估，事先进行各类风险和隐患的治理，可在一定程度上减轻地震灾害造成的损失。地震灾害风险是指地震作用所引起的建筑物损坏或生命损失等危害后果发生的可能性(Reiter,1990)，针对风险的量化评价是开展灾害风险防治的重要依据(向喜琼等,2000)。很多学者针对不同区域采用不同方法开展了大量地震灾害风险研究工作(王慧彦等,2009;陈洪富等,2011;徐伟等,2004;张维佳等,2013;孙柏涛等,2017;张桂欣等,2017、2018、2020;)，大量地震灾害风险研究工作的开展，为地震灾害风险评估和区划工作奠定了坚实的基础。

据统计，2011—2020 年我国大陆发生 4.0 级以上地震千余次。造成人员伤亡的地震事件 71 次，共造成 1 209 人死亡和 113 人失踪 2 万余人受伤(南燕云等,2021)，地震灾害带来的人员死亡很难完全避免，但是基于震害预测等科学方法事先开展风险评估，结合评估结果开展风险治理和对策研究，能很大程度上减轻风险的严重程度。基于第一次全国自然灾害风险普查工程收集的大量数据，在安康市开展区域地震灾害风险评估，基于不同概率地震危险性分析，对地震灾害进行定量化评价，能为制定区域城乡发展规划、减轻地震灾害可能造成的人民生命和财产损失提供重要的科技支撑，同时能为区域地震灾害风险防治和地震保险等提供科学依据。

第一节　地震灾害人员死亡风险评估

一、评估方法

地震灾害造成人员死亡的因素有很多，造成人员死亡的因素除了与地震震级、地震烈度、震区建筑物抗震能力、人口分布等有关以外，还受到发震时间、震中位置、地震区地质地形条件、人员在室率等因素的影响。很多学者在地震人员死亡预测方面开展了大量的研究工作(陈棋福等,1997;杨天青等,2006;刘吉夫等,2009;钱枫林等,2013;王东明等,2019;闫佳琦等,2021)。一般情况下，地震人员伤亡评估方法，可根据是否考虑建筑物破坏对人员伤亡的影响分为 2 大类，即基于地震参数(震级、发震时间、烈度、灾区范围、人口密度等)的伤亡模型和基于建筑物破坏概率(建筑物易损性、破坏比、人员死亡率等)的伤亡模型。

基于地震参数的震灾人员死亡评估方法一般使用较少的参数,模型相对简单、评估时计算量较小,但是,经验模型的产生需要大量的历史地震数据,而影响地震人员死亡的因素非常多,同时作为导致震后人员死亡的重要因素——建筑物抗震能力无法体现,所以,此类方法应用到较小区域时准确性不高。在特定区域开展地震人员死亡评估时,最理想的情况是综合考虑各种关键影响因素,针对不同区域建立分类评价的人员伤亡评估模型,构建其分类评价指标,同时基于历史震害数据的统计,最大可能地定量化分析影响地震人员死亡的关键因素,结合震区建筑破坏、地区人口分布等,建立人员死亡空间分布模型,在此基础上进一步给出多元化、定量化的评估模型用于地震人员死亡评估。

在评估模型方面,国内外学者基于历史震害数据开展了大量的模型算法研究工作,利用不同模型计算得到的结果也大不相同。马玉宏等人通过对比 26 种模型认为,每种模型因为统计资料和考虑因素不同,计算结果也大不相同,但是当模型考虑了建筑物倒塌率、毁坏比、发震时间、地震烈度、灾区人口密度等诸多因素时,其计算结果与实际情况比较接近(马玉宏等,2000)。孙柏涛等人(孙柏涛等,2017;Sun Baitao,2018)在系统分析影响地震人员死亡关键因素的基础上,基于多因素提出了一套用于统计地震人员死亡的完整的思路和方法。

$$Loss = \sum_{r}\sum_{s}\sum_{j} D_j \cdot C_r \cdot B_s \cdot (P_s[D_j \mid I] \cdot A_s) \cdot \left(\rho \frac{M_r}{A_r}\right) \tag{6.1}$$

式中:$Loss$ 为人员死亡数量;r 为不同分级区域;s 为建筑物结构类型;j 为破坏等级;D_j 为结构在破坏等级 j 下的人员死亡率,C_r 为区域修正系数,B_s 为 s 类结构的修正系数,I 为地震烈度,$P_s[D_j \mid I]$为结构破坏比,A_s 为第 s 类建筑结构的总面积,$\rho\frac{M_r}{A_r}$ 为室内人口密度,ρ 为不同时段室内人员的影响系数,M_r 为区域的总人口数,A_r 为区域总建筑面积。

中国地震局工程力学研究所在长期大量研究工作积累的基础上,开发了“全国地震灾害风险评估与区划系统(HAZ-China)”(陈洪富等, 2013;陈相兆,2016),该系统是根据震害预测技术规范的工作内容、技术方法等相关规定,建立的基于 WebGIS 的地震灾害预测信息管理系统。为保障全国地震行业顺利开展地震灾害风险评估与区划工作,中国地震局专家团队根据风险普查相关技术规范和成果表达形式的要求,集成各类评估模型的最新研究成果并对系统进行简化,构建了专用于地震灾害风险评估与区划工作的软件平台。该平台面向地震灾害风险评估与区划工作集成了基础数据上传与管理、风险评估和结果查询下载等功能模块。在此基础上,陕西省地震局对安康市各类房屋建筑抽取区域典型房屋特征进行了抽样详查。综合各类抽样详查数据,中国地震局工程力学研究所结合安康市房屋建造特征及我国大陆地区历史震害分析结果,计算给出了安康市各类结构建筑物的易损性模型和人员死亡评估模型并预置在平台中,用户仅需上传目标区4种概率水准地震作用下的危险性、建筑物和人口分布格网等相关数据后，即可在线完成相关评估工作，本章地震人员死亡风险评估工作基于HAZ-China平台开展。

二、评估数据

1. 承灾体数据

按照全国第一次自然灾害综合风险普查工程的总体部署，住建部门逐栋开展了安康地区房屋建筑数据精细化调查，调查数据综合考虑了承灾体面积、结构类型、抗震设防状况、使用情况、建造年代、病害情况等。基于调查数据，由中国地震局牵头统一制作并完成了公里格网级别的安康市建筑物和人口分布数据集，每个格网包含了评估所需的建筑物总面积、各类建筑结构所占比例、人口数量等详细信息。本章地震灾害人员死亡评估计算中，所使用的建筑物和人口数据均以此为基础。

2. 地震危险性数据

安康市地震人员死亡评估涉及的地震危险性数据，使用本书第三章地震危险性分析计算得到的安康市4个概率水准地震作用下的峰值加速度对应的烈度值。

三、评估结果

基于安康市建筑物、人口等承灾体公里格网数据和安康市地震危险性分析结果，采用HAZ-China平台计算得到安康市在4个概率水准地震作用下地震人员死亡风险，评估结果见表6.1。从安康市4个概率水准地震作用下人员死亡风险评估结果可以看出，在50年63%概率水准下(多遇地震动)，安康市无人员死亡；在50年10%概率水准下(多遇地震动)即我国基本设防水平下，安康市死亡人数为220人；随着地震危险性的升高，人员死亡数量逐步增大。

表6.1 安康市4个概率水准地震作用下人员死亡风险评估结果

地震危险性	50年63% (多遇地震动)	50年10% (基本地震动)	50年2% (罕遇地震动)	100年1% (极罕遇地震动)
评估死亡人数/人	0	220	748	1252

注：不同地震危险性对应的烈度分布详见本书第三章。

基于ArcGIS软件平台，绘制得到了安康市4个概率水准地震作用下的人员死亡空间分布(图6.1)，图件清晰地展示了安康市不同地区不同地震危险性下的人员死亡风险分布情况。从图中可以看出，同等级地震危险性水平下，出现人员死亡数量较大的地区为安康市汉滨区。

西
首阳山
2719
安
终南山
2604
市
岭
商洛市
商州区
柞水县
秦
丹凤县
天华山
佛坪县
商
洛
山阳县
市
镇安县
大天竺山
2074
汉
宁陕县
石泉县
湖
中
汉阴县
旬阳市
白河县
安康市
汉滨区
市
紫阳县
北
平利县
竹溪县
岚皋县
大
南宫山
竹山县
四
万源市
化龙山
2917
巴
城口县
镇坪县
川
省
重
庆
市
山
省
比例尺 1：2 000 000
地级行政中心
县级行政中心
化龙山
2917
山峰及高程
河流
省级界
地级界
县级界
无人员死亡

(a)50 年超越概率 63%

西　安　市
首阳山 2719
终南山 2604
岭
丹
商洛市
商州区
柞水县
秦
天华山
丹凤县
佛坪县
商
山阳县
洛
市
镇安县
大天竺山 2074
汉
宁陕县
中
石泉县
汉阴县
旬阳市
湖
白河县
安康市
汉滨区
市
紫阳县
北
平利县
竹溪县
岚皋县
南宫山
竹山县
四
万源市
化龙山 2917
巴
城口县
镇坪县
省
川
重　庆　市
山
省
比例尺　1∶2 000 000
人员死亡(单位：人)
无人员死亡
0～1
1～2
地级行政中心
县级行政中心
化龙山 2917
山峰及高程
河流
省级界
地级界
县级界

(b)50 年超越概率 10%

西 安 市
首阳山 2719
终南山 2604
商洛市
商州区
柞水县
丹凤县
天华山
佛坪县
商
镇安县
洛
山阳县
市
大天竺山 2074
汉
宁陕县
石泉县
中
汉阴县
旬阳市
湖
白河县
安康市
汉滨区
市
紫阳县
北
平利县
竹溪县
岚皋县
竹山县
南宫山
四
万源市
化龙山 2917
城口县
镇坪县
省
川
重 庆 市
省
比例尺 1∶2 000 000
人员死亡(单位：人)
无人员死亡
0～1
1～2
2～3
3～4
地级行政中心
县级行政中心
化龙山 2917
山峰及高程
河流
省级界
地级界
县级界

(c)50 年超越概率 2%

(d)100 年超越概率 1%

图 6.1　安康市地震灾害人员死亡风险分布图

四、地震灾害人员死亡风险区划

将评估死亡人员数量作为分级指标，根据第一次全国自然灾害综合风险普查技术规范——《地震灾害风险评估技术及数据规范(FXPC/DZ P—02)》中的地震灾害风险人员死亡等级分级划分标准(表 6.2)，以区县为单位将安康市在 4 个概率水准地震作用下造成的人员死亡风险进行分级评价，其风险等级分级结果见表 6.3。

表 6.2　地震灾害人员死亡风险等级分级

风险等级	分级指标(以区/县行政区为估算单元)
Ⅰ级	死亡人数≥300
Ⅱ级	300>死亡人数≥150
Ⅲ级	150>死亡人数≥50
Ⅳ级	50>死亡人数≥10
Ⅴ级	死亡人数<10

表 6.3　安康市在 4 个概率水准地震作用下人口死亡风险等级

地震危险性	50 年 63%(多遇地震动)		50 年 10%(基本地震动)		50 年 2%(罕遇地震动)		100 年 1%(极罕遇地震动)	
	死亡人数	风险等级	死亡人数	风险等级	死亡人数	风险等级	死亡人数	风险等级
汉滨区	0	Ⅴ级	64	Ⅲ级	188	Ⅱ级	316	Ⅰ级
旬阳县	0	Ⅴ级	36	Ⅳ级	130	Ⅲ级	221	Ⅱ级
平利县	0	Ⅴ级	41	Ⅳ级	114	Ⅲ级	153	Ⅱ级
汉阴县	0	Ⅴ级	19	Ⅳ级	85	Ⅲ级	182	Ⅱ级
白河县	0	Ⅴ级	17	Ⅳ级	69	Ⅲ级	96	Ⅲ级
紫阳县	0	Ⅴ级	17	Ⅳ级	52	Ⅲ级	80	Ⅲ级
石泉县	0	Ⅴ级	10	Ⅳ级	47	Ⅳ级	107	Ⅲ级
岚皋县	0	Ⅴ级	8	Ⅴ级	28	Ⅳ级	41	Ⅳ级
宁陕县	0	Ⅴ级	5	Ⅴ级	21	Ⅳ级	35	Ⅳ级
镇坪县	0	Ⅴ级	3	Ⅴ级	14	Ⅳ级	21	Ⅳ级

注：不同地震危险性对应的烈度分布详见本书第三章。

从安康市各个区县在 4 个概率水准地震作用下人员死亡评估风险等级可以看出，安康市多遇地震动水平下，不会造成人员死亡，各个县区的风险等级均为Ⅴ级。在基本地震动水平下，汉滨区死亡人员为 64 人，其风险等级为Ⅲ级；旬阳县、平利县、汉阴县、白河县、紫阳县、石泉县死亡人员在 10～36 人，风险等级为Ⅳ级；岚皋县、宁陕县、镇坪县死亡人员在 3～8 人，风险等级为Ⅴ级。罕遇地震动水平下，汉滨区死亡人员为 188 人，其风险等级为Ⅱ级；旬阳县、平利县、汉阴县、白河县、紫阳县死亡人员在 52～130 人，风险等级为Ⅲ级；石泉县、岚皋县、宁陕县、镇坪县死亡人员在 14～47 人，风险等级为Ⅳ级。极罕遇地震动水平下，汉滨区死亡人员为 316 人，其风险等级为Ⅰ级；旬阳县、平利县、汉阴县死亡人员在 182～221 人，风险等级为Ⅱ级；白河县、紫阳县、石泉县死亡人员在

80～107人，风险等级为Ⅲ级；岚皋县、宁陕县、镇坪县死亡人员在21～41人，风险等级为Ⅳ级。总体上，在不同地震动水平下，安康市汉滨区地震灾害人员死亡风险等级最高。图6.2给出了不同地震动水平下各个区县风险等级分布图。

(a)50年超越概率63%

西
首阳山
2719
安
终南山
2604
市
岭
商洛市
商州区
柞水县
秦
丹凤县
天华山
佛坪县
商
洛
山阳县
市
镇安县
大天竺山
2074
汉
宁陕县
石泉县
湖
中
汉阴县
旬阳市
白河县
安康市
汉滨区
市
紫阳县
北
平利县
竹溪县
岚皋县
大
南宫山
竹山县
四
万源市
化龙山
2917
巴
城口县
镇坪县
省
川
重
庆
市
山
省
比例尺 1∶2 000 000
Ⅲ级
Ⅳ级
Ⅴ级
地级行政中心
县级行政中心
化龙山
2917
山峰及高程
河流
省级界
地级界
县级界

(b)50 年超越概率 10%

西
安
市
首阳山
2719
终南山
2604
岭
商洛市
商州区
柞水县
秦
丹凤县
天华山
佛坪县
商
洛
山阳县
市
镇安县
大天竺山
2074
汉
宁陕县
石泉县
湖
中
汉阴县
旬阳市
白河县
安康市
汉滨区
市
紫阳县
北
平利县
竹溪县
岚皋县
南宫山
竹山县
四
万源市
化龙山
2917
城口县
镇坪县
川
省
重
庆
市
省
比例尺 1：2 000 000
II级
III级
IV级
地级行政中心
县级行政中心
化龙山
2917
山峰及高程
河流
省级界
地级界
县级界

(c)50年超越概率2%

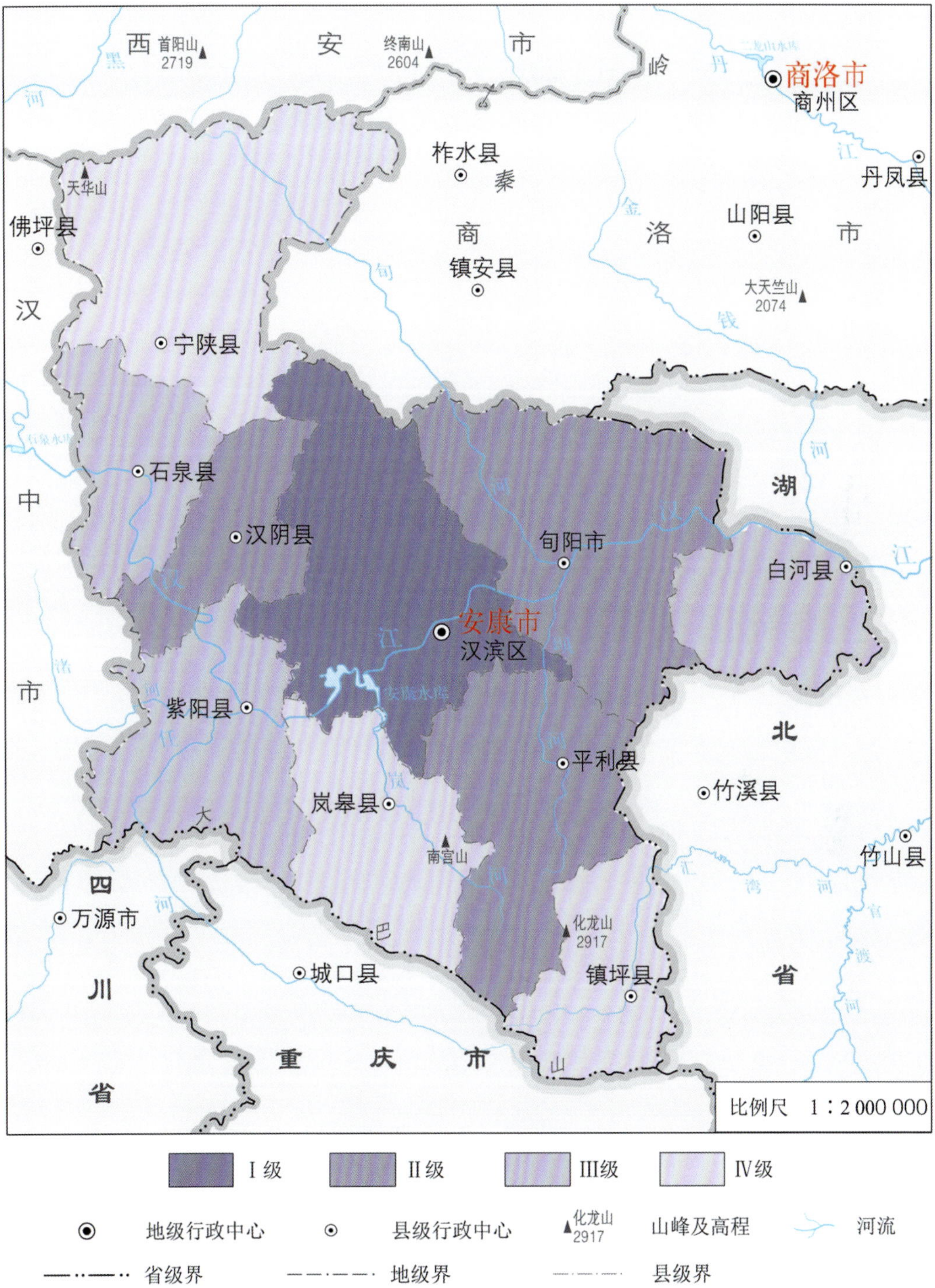

(d)100年超越概率1%

图6.2　安康市地震灾害人员死亡风险等级分布图

第二节　建筑物直接经济损失风险评估

地震直接经济损失是指地震及地震次生灾害造成的房屋和其他工程结构、设施、设备、物品等物项破坏的经济损失(中国地震局,2011)。2008 年汶川地震中,陕西省汉中、宝鸡、安康、咸阳、西安等城市仅由于城镇房屋不同程度的损毁就造成直接经济损失171 256万余元,给人民和国家财产造成巨大损失(陕西省地方志编纂委员会,2012)。较为准确地评估地震直接经济损失非常困难,其原因在于随着经济的发展,地区财产总量及对应的地震易损性在不断发生变化,全维度、大范围的统计数据获取难度大。同时,不同承灾体的损失评估模型研究不够完善,导致重大地震灾害经济损失评估结果的精确度不高且时效性和可靠性较差。本章仅考虑由于建筑物损坏造成的直接经济损失。

一、评估方法

我国地震损失评估工作较国外相对较晚,但是近年来国内诸多学者开展了大量关于地震损失评估的研究,并取得了较为丰硕的研究成果,逐步提高了学者关于震害损失评估方法的认识。地震灾害造成的经济损失,与地震震级、震区建筑物结构类型、易损性等因素密不可分。侯爽等(2007)针对城市三类典型建筑,基于建筑物易损性分析对地震损失进行了预测和估算,并对单体和群体建筑物的易损性分类方法进行了探讨;孙柏涛等(2007)基于云南省历史震害损失评估数据资料,建立了经济损失与受灾人口的定量关系,在此基础上对历史震例损失进行了评估对比;吴琼(2015)基于建筑物易损性分析方法,通过对地震直接经济损失的理论研究,从统计学角度构建了用于地震灾害损失快速评估的 BP 神经网络模型。

地震建筑物直接经济损失可表示为结构易损性、社会财富和损失比的函数。孙柏涛等人(孙柏涛等,2017;Sun Baitao,2018)在建筑物大量抽样调查的基础上考虑诸多相关因素,基于建筑物抗震能力综合指数将全国分为若干区域,并提出一套用于评估区域建筑物地震灾害损失风险的完整的思路和方法。

$$Loss = \sum_{i}\sum_{s}\sum_{j} P_s[D_j \mid I] \cdot A_s \cdot C_s \cdot R_{sj} \tag{6.2}$$

式中:$Loss$ 为地震灾害风险损失,s 为建筑物结构类型,$P_s[D_j|I]$为 s 类结构的易损性矩阵;I 为地震烈度;j 为破坏等级;A_s 为 s 类结构的建筑面积;C_s 为 s 类结构的建造单价;R_{sj} 为 s 类结构在破坏等级为 j 时的损失比。

在 HAZ-China 平台基础上,陕西省地震局对安康市各类房屋建筑抽取区域典型房屋特征进行了抽样详查,调研统计了各类建筑物重置单价,综合各类抽样详查数据,中国地震局工程力学研究所计算给出了安康市各类结构建筑物的易损性模型和地震灾害经济损失评估模型并预置在平台中,用户仅需上传目标区 4 种概率水准地震作用下的危险性、建筑物分布格网、各类建筑物重置单价等相关数据后,即可在线完成相关评估工作,本章地震灾害经济损失风险评估工作基于 HAZ-China 平台开展。

二、评估数据

(1)承灾体数据。按照全国第一次自然灾害综合风险普查工程的总体部署,住建部门逐栋开展了安康地区房屋建筑数据精细化调查,调查数据综合考虑了承灾体面积、结构类型、抗震设防状况、使用情况、建造年代、病害情况等。基于调查数据,由中国地震局查工作办公室牵头统一制作并完成了公里格网级别的安康市建筑物和 GDP 分布数据集,每个格网包含了评估所需的建筑物总面积、各类建筑结构所占比例、GDP 等详细信息。本章地震灾害经济损失风险评估所使用的建筑物和经济均以此为基础。

(2)地震危险性数据。安康市地震直接经济损失评估估涉及的地震危险性数据,使用本书第三章地震危险性分析计算得到的安康市 4 个概率水准地震作用下的峰值加速度对应的烈度值。

(3)建筑物重置单价数据。重置单价指的是由于地震导致建筑物损坏后,以单位面积统计的修复或者重建所需的费用,本次评估所用各类建筑重置单价是由住建部门提供的区域平均值。

三、评估结果

基于安康市建筑物、社会经济、房屋重置单价等承灾体公里格网数据和安康市地震危险性分析结果,采用 HAZ-China 平台计算得到安康市在 4 个概率水准地震作用下建筑物直接经济损失风险及其空间分布情况,评估结果见表 6.4。从安康市 4 个概率水准地震作用下建筑物直接经济损失风险评估结果可以看出,在 50 年 63%概率水准下(多遇地震)安康市不会产生经济损失,随着地震危险性的升高,经济损失风险逐步增大。

表 6.4 安康市 4 个概率水准地震作用下建筑物直接经济损失

地震危险性	50 年 63%(多遇地震)	50 年 10%(基本地震)	50 年 2%(罕遇地震)	100 年 1%(极罕遇地震)
经济损失/万元	0	1 713 638	2 475 914	3 244 004

注:不同地震危险性对应的烈度分布详见本书第三章。

基于 ArcGIS 软件平台，绘制得到了安康市 4 个概率水准地震作用下的建筑直接经济损失风险空间分布(图 6.3)，图件清晰地展示了安康市各个地区不同地震危险性下的经济损失分布情况。从图中可以看出，同等级地震危险性水准下，安康市汉滨区经济损失较其他县区相对较高。

(a)50 年超越概率 63%

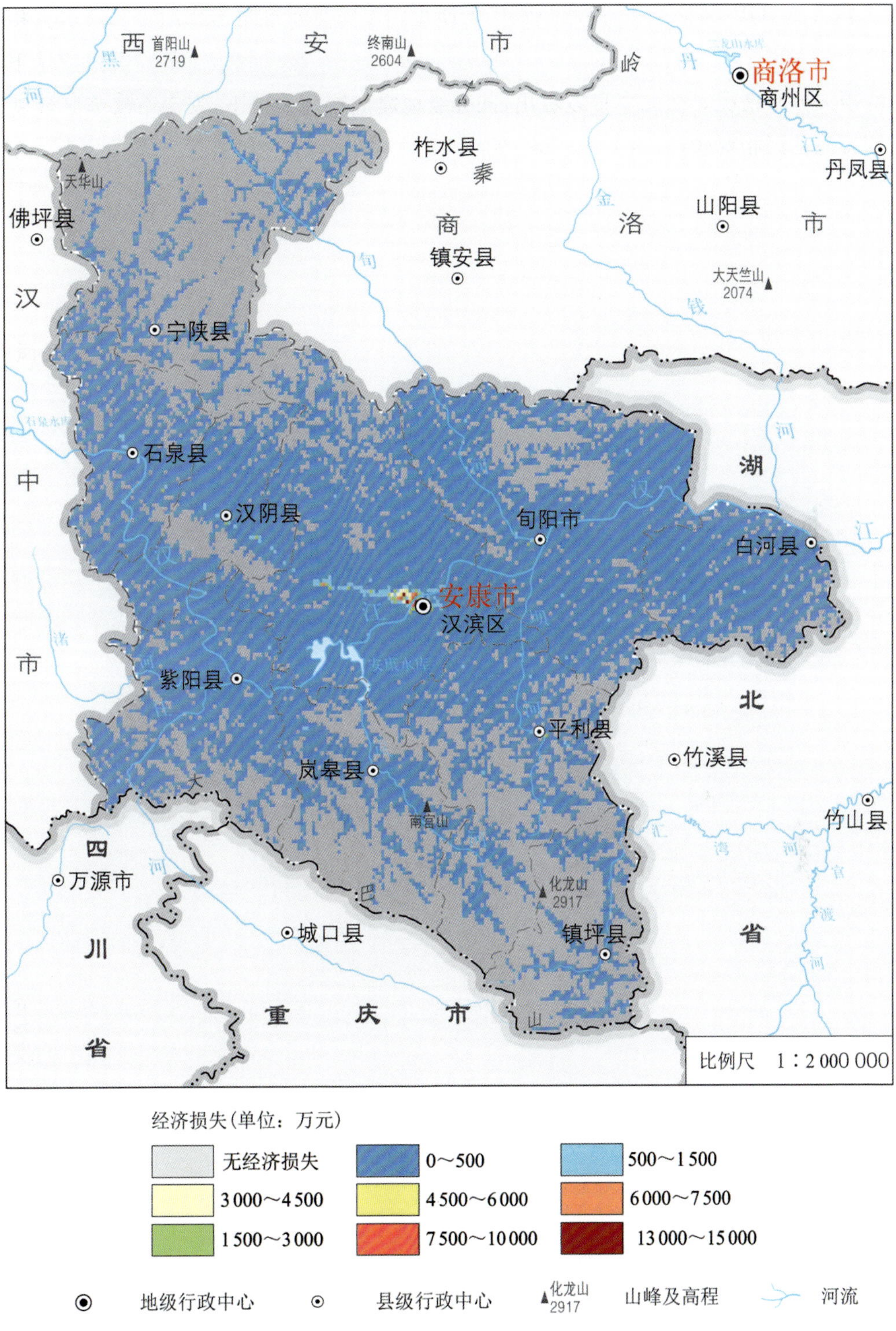
西 安 市
首阳山 2719
终南山 2604
岭
丹
商洛市
商州区
作水县
秦
丹凤县
天华山
佛坪县
商
洛
山阳县
市
镇安县
大天竺山 2074
汉
宁陕县
中
石泉县
湖
汉阴县
旬阳市
白河县
安康市
汉滨区
市
紫阳县
北
平利县
竹溪县
岚皋县
南宫山
竹山县
四
万源市
化龙山 2917
城口县
镇坪县
川
省
重 庆 市
省
比例尺 1：2 000 000
经济损失(单位：万元)
无经济损失
0～500
500～1 500
3 000～4 500
4 500～6 000
6 000～7 500
1 500～3 000
7 500～10 000
13 000～15 000
地级行政中心
县级行政中心
化龙山 2917
山峰及高程
河流
省级界
地级界
县级界

(b)50 年超越概率 10%

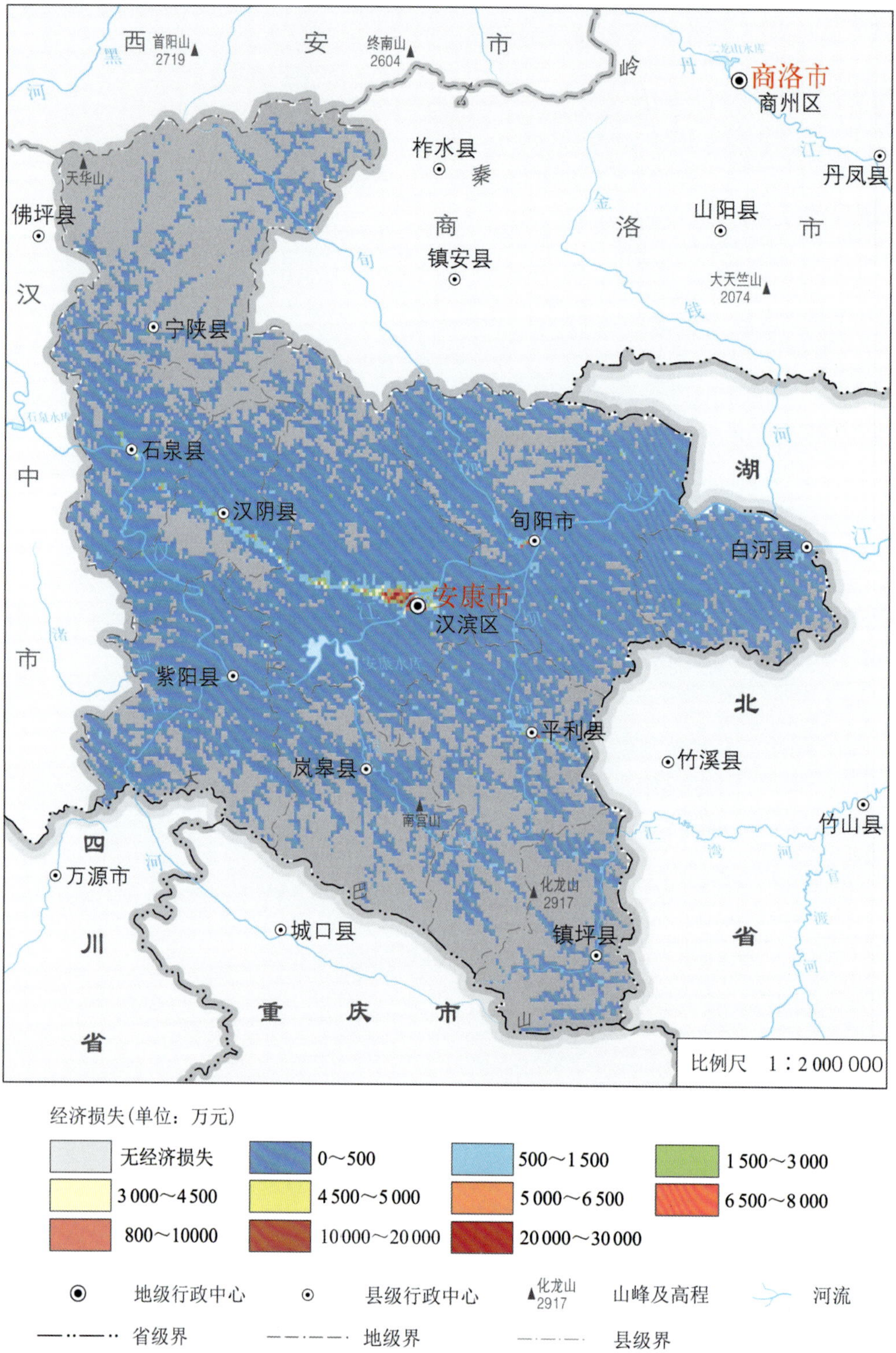

西
安
市
首阳山 2719
终南山 2604
商洛市
商州区
丹凤县
柞水县
商
洛
市
山阳县
镇安县
大天竺山 2074
天华山
佛坪县
汉
中
市
宁陕县
石泉县
汉阴县
旬阳市
白河县
安康市
汉滨区
湖
北
省
紫阳县
平利县
竹溪县
竹山县
岚皋县
南宫山
化龙山 2917
镇坪县
四
川
省
万源市
城口县
重
庆
市
比例尺 1∶2 000 000
经济损失(单位：万元)
无经济损失
0～500
500～1 500
1 500～3 000
3 000～4 500
4 500～5 000
5 000～6 500
6 500～8 000
800～10000
10 000～20 000
20 000～30 000
地级行政中心
县级行政中心
化龙山 2917
山峰及高程
河流
省级界
地级界
县级界

(c)50 年超越概率 2%

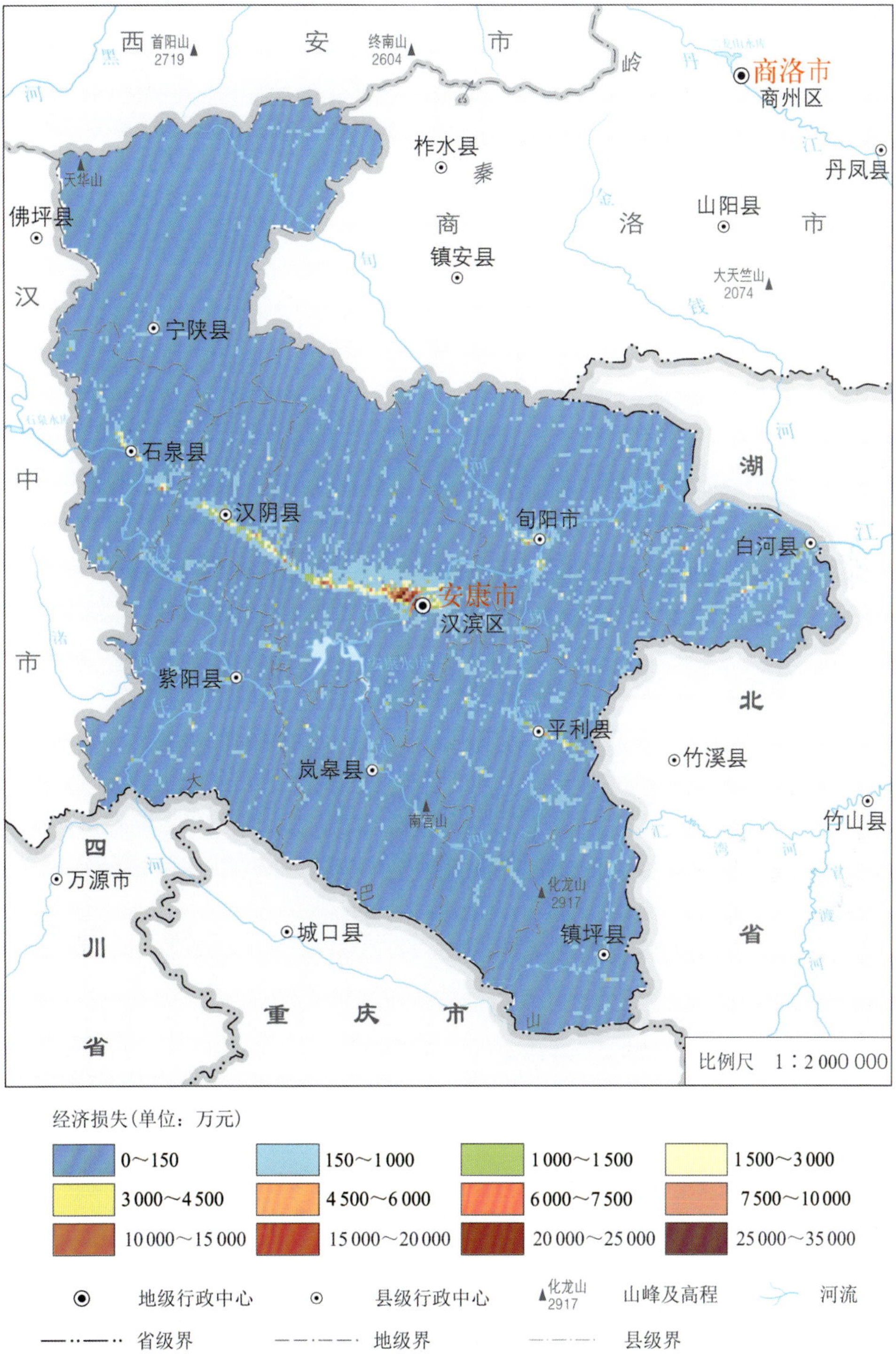

(d)100 年超越概率 1%

图 6.3 安康市地震灾害建筑物直接经济损失分布图

四、地震灾害建筑物直接损失风险区划

将评估经济损失与区域上年度 GDP 比值作为分级指标，根据第一次全国自然灾害综合风险普查技术规范——《地震灾害风险评估技术及数据规范(FXPC/DZ P—02)》中的地震灾害建筑物直接经济损失风险等级分级划分标准(表 6.5)，以区县为单位将安康市在 4 个概率水准地震作用下造成的经济损失风险进行分级评价，其风险等级分级结果见表 6.6。

表 6.5　建筑物直接经济损失风险等级分级指标

风险等级	分级指标(以区/县行政区为估算单元)
Ⅰ 级	(直接经济损失/区域内上年度 GDP)≥75%
Ⅱ 级	75%>(直接经济损失/区域内上年度 GDP)≥45%
Ⅲ 级	45%>(直接经济损失/区域内上年度 GDP)≥25%
Ⅳ 级	25%>(直接经济损失/区域内上年度 GDP)≥15%
Ⅴ 级	(直接经济损失/区域内上年度 GDP)<15%

表 6.6　安康市 4 个概率水准地震作用下建筑物直接经济损失风险等级

地震危险性	50 年 63%(多遇地震动)		50 年 10%(基本地震动)		50 年 2%(罕遇地震动)		100 年 1%(极罕遇地震动)	
	经济损失/万元	风险等级	经济损失/万元	风险等级	经济损失/万元	风险等级	经济损失/万元	风险等级
汉滨区	0	Ⅴ级	725 456	Ⅳ级	992 032	Ⅲ级	1 316 410	Ⅲ级
旬阳县	0	Ⅴ级	219 347	Ⅴ级	332 326	Ⅳ级	448 515	Ⅳ级
平利县	0	Ⅴ级	146 633	Ⅴ级	233 943	Ⅳ级	265 122	Ⅲ级
汉阴县	0	Ⅴ级	150 553	Ⅴ级	229 378	Ⅳ级	341 283	Ⅲ级
白河县	0	Ⅴ级	122 728	Ⅳ级	189 289	Ⅳ级	254 065	Ⅲ级
紫阳县	0	Ⅴ级	115 547	Ⅴ级	163 992	Ⅴ级	172 325	Ⅳ级
石泉县	0	Ⅴ级	89 312	Ⅴ级	133 730	Ⅴ级	205 764	Ⅳ级
岚皋县	0	Ⅴ级	69 025	Ⅴ级	89 402	Ⅴ级	104 432	Ⅳ级
宁陕县	0	Ⅴ级	41 351	Ⅴ级	60 598	Ⅳ级	76 234	Ⅳ级
镇坪县	0	Ⅴ级	33 685	Ⅴ级	51 222	Ⅳ级	59 853	Ⅳ级

注：不同地震危险性对应的烈度分布详见本书第三章。

从安康市各个区县在 4 个概率水准地震作用下直接经济损失评估风险等级可以看出，安康市多遇地震动水平下各个县区不会造成经济损失，其风险等级均为Ⅴ级。在 50 年 10%概率水平(基本地震动)下，汉滨区和白河县风险等级为Ⅳ级；其余各县区风险等级均为为Ⅴ级。在 50 年 2%概率水平(罕遇地震动)下，汉滨区风险等级为Ⅲ级，紫阳县、石泉县、岚皋县风险等级为Ⅴ级，其余各县区风险等级均为为Ⅳ级；在

100 年 1%概率水平(极罕遇地震动)下,汉滨区、平利县、汉阴县、白河县风险等级为Ⅲ级,其余各县区风险等级均为为Ⅳ级。总体上,在不同地震动水平下,安康市汉滨区地震灾害经济损失风险等级相对较高。图 6.4 给出了不同地震动水平下各个区县风险等级分布图。

(a)50 年超越概率 63%

西
安
市
首阳山
2719
终南山
2604
岭
商洛市
商州区
丹凤县
柞水县
秦
天华山
佛坪县
商
洛
山阳县
市
镇安县
大天竺山
2074
汉
宁陕县
石泉县
中
汉阴县
湖
旬阳市
白河县
安康市
汉滨区
市
紫阳县
平利县
北
竹溪县
岚皋县
南宫山
竹山县
四
万源市
化龙山
2917
城口县
镇坪县
川
省
重
庆
市
省
比例尺 1∶2 000 000
Ⅳ级
Ⅴ级
地级行政中心
县级行政中心
化龙山
2917
山峰及高程
河流
省级界
地级界
县级界

(b)50 年超越概率 10%

西
安
市
首阳山
2719
终南山
2604
岭
商洛市
商州区
丹凤县
柞水县
秦
商
洛
市
镇安县
山阳县
大天竺山
2074
天华山
佛坪县
汉
中
市
宁陕县
石泉县
汉阴县
旬阳市
湖
北
省
白河县
安康市
汉滨区
安康水库
紫阳县
平利县
竹溪县
岚皋县
南宫山
竹山县
四
川
省
万源市
化龙山
2917
镇坪县
城口县
重
庆
市
比例尺 1∶2 000 000
III级
IV级
V级
地级行政中心
县级行政中心
化龙山
2917
山峰及高程
河流
省级界
地级界
县级界

(c)50 年超越概率 2%

(d)100 年超越概率 1%

图 6.4 安康市地震灾害建筑物直接经济损失风险等级图

第三节　本章小结

安康市地震灾害风险评估与区划是基于地震危险性分析、建筑物普查、人口、经济等暴露度调查等基础上，根据全国第一次自然灾害综合风险普查工程相关技术规范形成的地震灾害评估成果，包括不同地震概率水准下的地震灾害建筑物直接经济损失、人员死亡风险及对应的区域风险等级。评估使用的数据包括中国地震局提供的基础地理信息数据和承灾体数据、陕西省地震局计算的地震危险性数据及相关调查数据。

安康市不同地震概率水准下的地震灾害损失评估结果表明，在50年超越概率63%水准地震作用下，不会造成人员死亡和经济损失；在50年超越概率10%水准地震危险性即基本设防水平下，安康市人员死亡无高风险等级区县且仅有1个中风险等级区县(汉滨区)和6个中低风险等级区县(旬阳市、平利县、汉阴县、白河县、紫阳县、石泉县)；经济损失风险无高风险等级区县且仅有2个中低风险等级区县(汉滨区、白河县)。随着地震危险性的升高，人员死亡数量和建筑物直接经济损失值逐步增长，但总体上风险等级仍处于中低水平。地震灾害风险等级分布图表明，人员死亡和建筑物直接经济损失风险相对较大的地区为安康市汉滨区。

第七章

结论及防治建议

安康市地震灾害风险评估与区划是在基础探查成果基础之上，开展地震危险性分析、地震重点隐患评估，进而基于建筑物、人口、经济，进行地震易损性分析，给出地震灾害风险评估结果和防治区划结果。本书根据全国第一次自然灾害综合风险普查工程相关技术规范，形成了地震灾害风险评估成果，包括不同地震概率水准下的地震危险性分布、地震重点隐患分布、地震作用下造成的建筑物直接经济损失、人口死亡损失及对应的区域风险等级。成果可应用于安康市震灾风险防治各项工作中，尤其是城乡规划和建筑物抗震设防管理，特别是重大基设施建设，可参照本书评估结果有针对性地进行防治，以减少地震灾害造成的损失。

第一节　地震灾害风险评估主要结论

此次安康市地震灾害风险评估是首次基于全域房屋建筑逐栋调查数据和最新人口普查数据开展的工作，相比以往基于统计推演的数据，此次工作数据的翔实性和完备性是前所未有的。同时，各类地震灾害风险评估模型是在10余年研发的基础上根据此次风险普查的要求发展而成，代表了最新的地震灾害风险评估成果。翔实完备的数据和最新的地震灾害风险评估模型相结合，给出了科学全面且符合安康市实际的地震灾害风险结果。

(1)安康地震危险性分析结果表明，全市无高风险(1级)地区，地震危险性等级为中高(2级)的地区为平利县和旬阳市小部分区域。

(2)在50年超越概率63%的危险性(相当于地震重现期50年)下，安康市所有区县无人员死亡和经济损失，风险等级均为低风险。

(3)在50年超越概率10%的危险性(相当于地震重现期475年)下，安康市人员死亡无高风险等级区县且仅有1个中风险等级区县(汉滨区)和6个中低风险等级区县(旬阳市、平利县、汉阴县、白河县、紫阳县、石泉县)；经济损失风险无高风险等级区县且仅有2个中低风险等级区县(汉滨区、白河县)。

(4)在50年超越概率2%的危险性(相当于地震重现期2 500年)下，安康市人员死亡无高风险区县且仅有1个中高风险区县(汉滨区)和5个中风险等级区县(旬阳市、平利县、汉阴县、白河县、紫阳县)；经济损失无高风险区县且仅有1个中风险区县(汉滨区)和6个中低风险等级区县(旬阳市、平利县、汉阴县、白河县、宁陕县、镇坪县)。

(5)在100年超越概率1%的危险性(相当于地震重现期10 000年)下，安康市人员死亡中高风险以上区县有4个(汉滨区、旬阳市、平利县、汉阴县)且占40%，经济损失无中高风险区县。

(6)安康市5类承灾体中，不存在地震灾害隐患等级为“重点”的承灾体；城镇住宅、城镇非住宅、农村独立住宅的地震灾害隐患等级相对较低；农村集合住宅、农村非住宅的地震灾害隐患等级相对较高，主要与未设防或者设防烈度偏低及存在病害有关。

第二节　地震灾害风险防治对策建议

安康市地震危险性、地震重点隐患及地震灾害风险评估与区划结果基本明确了安康市地震灾害风险的主要影响因素、薄弱环节及各区域地震灾害风险水平，为地震灾害风险防治提供了依据。为了最大限度地减轻地震灾害可能造成的人员死亡和经济损失，从震灾风险防治角度，尤其是针对地震危险性和地震灾害风险较高的区域，建议安康市在以后的防震减灾工作中，重点开展以下工作：

(1)加强地震灾害重点隐患调查。扎实推进地震灾害风险普查和地震易发区房屋设施加固工程，通过建(构)筑物等承灾体调查，同步开展房屋设施抗震设防信息采集，常态化推进承灾体隐患数据的动态更新；通过开展重大基础设施地震灾害风险精细化摸排，进一步掌握全市重大基础设施抗震设防信息和风险隐患；重点排查隐患等级为“一般”及以上的建筑物，尤其是非住宅类人员密集场所、工业园区内厂房等建筑，结合房屋加固、棚户区改造等工程，对未抗震设防建筑物按照地震动参数区划结果进行抗震加固。

(2)开展建筑物病害治理。尤其是针对居民住宅类房屋开展病害治理，对病害部位关键、病害程度较重或存在重大地震安全隐患的建筑物进行修缮或拆除。对区内非住宅类建筑物尤其是地震时或地震后使用功能不能中断或存放大量危险物品的工业建筑开展抗震性能鉴定，并视情采取各项治理措施。

(3)开展高风险区房屋抗震能力鉴定。在地震危险性较高区域，针对未设防房屋进行抗震能力鉴定，依据鉴定结果视情开展房屋加固或采取减震、隔震措施，对已经出现形变、裂缝的部位进行修缮。同时，对本地工匠进行建筑设计与施工培训，提高农村自建房屋质量和抗震性能力，视情将农村自建民房抗震管理纳入政府监管。

(4)推进高风险区常态化地震灾害人员伤亡修正调查与精细化评估。针对不同区域开展具有区域特色的地震灾害精细化评估，形成多尺度、多精度的地震灾害风险评估区划，推进地震灾害评估常态化，提升地震应急科技支撑能力。

(5)强化高风险区地震安全性评价与抗震设防要求管理，明确必须开展地震安全性评价的建设工程范围，组织开展重大建设工程的地震安全性评价。选取功能规划明确的经济开发区、工业或产业园区，组织开展区域性地震安全性评价工作，科学确定地震动参数。

(6)落实高烈度区重大基础设施地震灾害风险评估，结合重大基础设施场址危险性、设施运行年限及破坏后的影响程度等情况，有针对性地开展风险评估工作。

(7)加快地震灾害防御信息化建设。建立信息共享机制，整合地震、住建、自然资源、交通、水利、统计等部门的相关数据，建立活动断层、地质地形、重要设施、人口经济等数据融合资源平台，全面掌握灾害底数，基于地震灾害情景构建开展地震灾害动态推演。

第三节　应急准备建议及处置对策

应急准备工作是高效开展应急处置的基础，安康市在地震应急预案、应急队伍建设、应急物资准备、应急避难场所建设等方面取得了一定的成绩，但是，需要进一步加强防震减灾队伍和机构建设，增强防震减灾工作意识，将地震应急准备工作和其他工作有机结合、协调推进。强化抗震救灾指挥机构建设，充分发挥其的统筹协调作用，突出多层级联动响应，加强指挥部成员单位之间的协作配合，调动各类应急救援力量；因地制宜采取针对性较强的应急准备措施，明确关键环节，细化应对方案，做到有备无患，切实提升应急能力。具体建议进一步加强以下方面：

(1)强化灾情收集。加强“三网一员”队伍建设，明确灾情报送人员、报送方式、报送时效，加强人员培训和日常演练，建立“三网一员”信息动态更新机制。拓宽信息报送渠道，加强各部门、各行业灾情报送管理，建立固定有效的灾情报送渠道，形成部门间、行业间的灾情信息共享机制。

(2)完善应急救援机制建设。立足本级应急预案，建立各层级、各部门、各个应急救援力量的联动协调机制，制定切实可行的社区、大型厂矿、景区人员疏散、撤离和善后工作方案。

(3)统筹应急物资保障。统筹各镇现有的卫星电话、电台、应急通信车、应急发电机、救灾物资等，建立统一备案和调度机制，对没有储备或者储备不足的乡镇应及时配备。同时整合各类资源，与当地各大超市、工厂等签订应急物资供应协议，以备灾后及时调用。

(4)加强应急交通建设。安康市部分乡镇位于山区，道路较为单一且易受次生地质灾害而受损，发生中强地震时，会因道路阻断而形成“孤岛”。针对该类道路应事先开展灾害评估和治理，提升道路应急通行能力。同时，根据不同等级地震，制定震后交通管制预案，开辟救灾绿色通道，保证救援通道畅通。此外，应提前统计协调市内停机坪，便于震后直升机能尽快运送人员和物资。

(5)强化次生灾害评估。加强地震灾害隐患风险评估与治理力度，对于震后可能出现险情的滑坡、厂矿、水库、化工园区等进行详细调查，对相关病险进行登记备案，对坝体年久失修的水库适时减少蓄水量，确保地震时的水库安全。

(6)增强应急演练实效。定期开展各层级、各类型的地震应急演练，特别是针对人口密集的单位及场所，如学校、医院、超市、商场等。同时，演练应注重实用性、可操作性，可针对不同行业制定针对性较强的实战演练方案，切勿走入“演”的误区。

(7)加强避难场所建设。推进应急避难场所建设，提高城市综合防灾能力，完善应急供电、供水、厕所等的基础设施。合理规划疏散场地，做好疏散场地周边电力、通信、医疗、物资储备、卫生等附属设施保障，结合应急演练，引导居民熟悉疏散路线。

(8)推动应急救援队伍现代化建设。不断强化应急救援队伍素质，定期开展拉动演练，提升队伍救援实战能力及生存保障能力。同时，为各类救援队伍配备先进、轻便、实用的救援器械，提高搜救效率。

(9)深化科普宣传教育。切实加强防震减灾知识的宣传，提高民众防震减灾意识。结合破坏性地震案例开展科普宣讲，增强群众地震灾害隐患意识，引导其重视房屋抗震能力。同时进一步做好地震应急自救互救培训，扩充公众地震应急知识储备，做到遇震不慌，临震不乱。

参考文献

[1] 赖祯武. 安康地区志[M]. 西安:陕西人民出版社，2004.

[2] 丁喜. 安康年鉴(2013)[J]. 中国地方志年鉴，2014(1):1.

[3] 霍林生,李宏男,肖诗云,等. 汶川地震钢筋混凝土框架结构震害调查与启示[J]. 大连理工大学学报,2009,49(5):718-723.

[4] 雷克,杨彬. 地震作用下钢结构的破坏及抗震性能的提高[J]. 建筑结构,2011,41(12):20-23.

[5] 田得元. 农村建筑区域特点及典型结构地震易损性分析[D]. 哈尔滨:中国地震局工程力学研究所,2021.

[6] 国务院第一次全国自然灾害综合风险普查领导小组办公室. 建(构)筑物地震灾害隐患等级评定技术规范(FXPC/DZ P—03)[Z]. 2022.

[7] 中华人民共和国住房和城乡建设部,国家质量监督检验检疫总局. 建筑工程抗震设防分类标准(GB50223—2008)[S]. 北京:中国建筑工业出版社,2016.

[8] 中华人民共和国国家质量监督检验检疫总局,中国国家标准化管理委员会. 中国地震动参数区划图(GB18306—2015)[Z]. 2015.

[9] 中华人民共和国住房和城乡建设部,中华人民共和国国家质量监督检验检疫总局. 建筑抗震设计规范 2016 年版(GB50011—2010)[S]. 北京:中国建筑工业出版社,2016.

[10] 孙柏涛，张桂欣. 中国大陆建筑物地震灾害风险分布研究[J]. 土木工程学报,2017,50(9):1-7.

[11] 张桂欣. 基于多元数据融合的区域地震灾害风险分级评价方法研究[D]. 哈尔滨:中国地震局工程力学研究所,2020.

[12] 张桂欣,孙柏涛,陈相兆. 分区分类的生命线工程地震直接经济损失研究[J]. 地震,2017,37(4):69-79.

[13] Sun Baitao, Zhang Guixin. Study on vulnerability matrices of masonry buildings of mainland of China[J]. Earthquake Engineering and Engineering Vibration,2018,17(2):251-259.

[14] Sun Baitao，Zhang Guixin，Chen Xiangzhao. The distribution of seismic capacity of buildings in mainland of china[C]//16TH European Conference on Earthquake Engineering，2018.

[15] Reiter L. Earthquake hazard analysis：Issues and insights[M]. New York：Columbia University Press，1990.

[16] 向喜琼，黄润秋. 地质灾害风险评价与风险管理[J]. 地质灾害与环境保护，2000，11(1)：38－41.

[17] 张桂欣，孙柏涛，陈相兆，等. 北京市建筑抗震能力分类及地震灾害风险分析[J]. 地震工程与工程震动，2018，38(3)：223－229.

[18] 陈洪富，戴君武，孙柏涛，等. 玉树 7.1 级地震人员伤亡影响因素调查与初步分析[J]. 地震工程与工程震动，2011，31(4)：18－25.

[19] 徐伟，王静爱，史培均，等. 中国城市地震灾害危险度评价[J]. 自然灾害学报，2004，13(1)：9－15.

[20] 王慧彦，黄敏，梁瑞莲，等. 地震灾害损失经济统计学评估方法初步研究[J]. 自然灾害学报，2009，18(3)：105－110.

[21] 张维佳，姜立新，李晓杰，等. 汶川地震人员死亡率及经济易损性探讨[J]. 自然灾害学报，2013，22(2)：197－204.

[22] 陈棋福，陈凌. 利用国内生产总值和人口数据进行地震灾害损失预测评估[J]. 地震学报，1997(6)：83－92.

[23] 刘吉夫，陈颙，史培军，等. 中国大陆地震风险分析模型研究(Ⅱ)：生命易损性模型[J]. 北京师范大学学报(自然科学版)，2009，45(4)：404－407.

[24] 杨天青，姜立新，杨桂岭. 地震人员伤亡快速评估[J]. 地震地磁观测与研究，2006(4)：39－43.

[25] 王东明，高永武. 城市建筑群概率地震灾害风险评估研究[J]. 工程力学，2019，36(7)：165－173.

[26] 钱枫林，崔健. BP 神经网络模型在应急需求预测中的应用——以地震伤亡人数预测为例[J]. 中国安全科学学报，2013，23(4)：20－25.

[27] 闫佳琦，陈相兆，孙柏涛. 地震人员伤亡评估方法及损失评估系统综述[J]. 2021，工程力学，38(12)：1－16.

[28] 马玉宏，谢礼立. 地震人员伤亡估算方法研究[J]. 地震工程与工程震动，2000，20(4)：140－147.

[29] 陈洪富，孙柏涛，陈相兆，等. HAZ-China 地震灾害损失评估系统研究[J]. 土木工程学报，2013，46(s2)：294－300.

[30] 陈相兆. HAZ-China 地震应急快速评估技术研究及系统建设[D]. 哈尔滨：中国地震局工程力学研究所，2016.

[31] 中国地震局. 地震现场工作第四部分：灾害直接损失评估（GB/T18208.4—2011）[S]. 北京：中国标准出版社，2011.

[32] 陕西省地方志编纂委员会. 陕西省抗震救灾志（2012）[M]. 西安：三秦出版社，2013.

[33] 侯爽，郭安薪，李惠，等. 城市典型建筑的地震损失预测方法Ⅰ:结构易损性分析[J]. 地震工程与工程振动，2007(6)：64－69.

[34] 郭安薪，侯爽，李惠，等. 城市典型建筑的地震损失预测方法Ⅱ：地震损失估计[J]. 地震工程与工程振动，2007(6)：70－74.

[35] 孙柏涛，胡少卿，王东明. 云南省乡镇农村地震灾害直接经济损失研究[J]. 地震工程与工程振动，2007(1)：153－158.

[36] 吴琼. 地震直接经济损失快速评估方法研究[D]. 西安：西安建筑科技大学，2015.

[37] 中国地震局. 地震灾害风险评估技术规范（FXPC/DZ P—02）[Z]. 2022.

[38] 陕西省地震局，2011.《陕南地区主干断裂活动性鉴定报告》.

[39] 陕西省地质矿产局. 陕西省区域地质志[M]. 北京：地质出版社，1989.

[40] 田勤虎，冯希杰. 陕西省地震应急救援工作基础资料——断裂构造特征及说明[M]. 西安：陕西科学技术出版社，2017.